普通高等教育"十二五"创新型规划教材·电工电子实验精品系列

模拟电子技术实验教程

房国志　主　编

王柏生　赵祥敏　李　明　**副主编**

哈尔滨工业大学出版社

内 容 简 介

本书是按照高等学校电子技术实验和课程设计的教学要求,结合作者多年的实践教学经验和研究成果编写的。本书共分5章,包括:模拟电子技术的实验方法、常用电子电路的基本测量方法、设计方法和调试方法,模拟电子技术基础型实验、设计型实验和综合型实验。基础型、设计型和综合型3个层次的实验有机结合贯穿于每一个实验项目,其中融入了编者多年的实验教学经验及注意事项。本书以这些实验、设计项目为载体,培养学生运用所学知识解决实际问题的能力,掌握科学研究与工程实践的基本方法,旨在提高学生的实践和创新能力。

本书可作为普通高等学校电气、电子、通信和计算机等电类各专业电子技术实验和课程设计的教材或教学参考书,也可作为工程技术人员的参考用书。

图书在版编目(CIP)数据

模拟电子技术实验教程/房国志主编. —哈尔滨:哈尔滨工业大学出版社,2013.9(2021.12重印)

ISBN 978—7—5603—4187—3

Ⅰ.①模… Ⅱ.①房… Ⅲ.①模拟电路—电子技术—实验—高等学校—教材 Ⅳ.①TN710—33

中国版本图书馆 CIP 数据核字(2013)第 169923 号

策划编辑	王桂芝 任莹莹
责任编辑	李长波
出版发行	哈尔滨工业大学出版社
社 址	哈尔滨市南岗区复华四道街 10 号 邮编 150006
传 真	0451—86414749
网 址	http://hitpress.hit.edu.cn
印 刷	哈尔滨市工大节能印刷厂
开 本	787mm×1092mm 1/16 印张 9 字数 168 千字
版 次	2013 年 9 月第 1 版 2021 年 12 月第 6 次印刷
书 号	ISBN 978—7—5603—4187—3
定 价	22.00 元

序

电工、电子技术课程具有理论与实践紧密结合的特点,是工科电类、非电类各专业必修的技术基础课程。电工、电子技术课程的实验教学在整个教学过程中占有非常重要的地位,对培养学生的科学思维方法、提高动手能力、实践创新能力及综合素质等起着非常重要的作用,有着其他教学环节不可替代的作用。

根据《国家中长期教育改革和发展规划纲要(2010～2020)》及《卓越工程师教育培养计划》"全面提高高等教育质量"、"提高人才培养质量"、"提升科学研究水平"、支持学生参与科学研究和强化实践教学环节的指导精神,我国各高校在实验教学改革和实验教学建设等方面也都面临着更大的挑战。如何激发学生的学习兴趣,通过实验、课程设计等多种实践形式夯实理论基础,提高学生对科学实验与研究的兴趣,引导学生积极参与工程实践及各类科技创新活动,已经成为目前各高校实验教学面临的必须加以解决的重要课题。

长期以来实验教材存在各自为政、各校为政的现象,实验教学核心内容不突出,一定程度上阻碍了实验教学水平的提升,对学生实践动手能力的培养提高存有一定的弊端。此次,黑龙江省各高校在省教育厅高等教育处的支持与指导下,为促进黑龙江省电工、电子技术实验教学及实验室管理水平的提高,成立了"黑龙江省高校电工电子实验教学研究会",在黑龙江省各高校实验教师间搭建了一个沟通交流的平台,共享实验教学成果及实验室资源。在研究会的精心策划下,根据国家对应用型人才培养的要求,结合黑龙江省各高校电工、电子技术实验教学的实际情况,组织编写了这套"普通高等教育'十二五'创新型规划教材·电工电子实验精品系列",包括《模拟电子技术实验教程》《数字电子技术实验教程》《电路原理实验教程》《电工学实验教程》《电工电子技术 Multisim 仿真实践》《电子工艺实训指导》《电子电路课程设计与实践》《大学生科技创新实践》。

该系列教材具有以下特色:

1. 强调完整的实验知识体系

系列教材从实验教学知识体系出发统筹规划实验教学内容,做到知识点全面覆盖,杜绝交叉重复。每个实验项目只针对实验内容,不涉及具体实验设备,体现了该系列教材的普适通用性。

2. 突出层次化实践能力的培养

系列教材根据学生认知规律,按必备实验技能—课程设计—科技创新,分层次、分类型统一规划,如《模拟电子技术实验教程》《数字电子技术实验教程》《电工学实验教程》《电路原理实验教程》,主要侧重使学生掌握基本实验技能,然后过渡到验证性、简单的综合设计性实验;而《电子电路课程设计与实践》和《大学生科技创新实践》,重点放在让学生循序渐进掌握比较复杂的较大型系统的设计方法,提高学生动手和参与科技创新的能力。

3. 强调培养学生全面的工程意识和实践能力

系列教材中《电工电子技术 Multisim 仿真实践》指导学生如何利用软件实现理论、仿真、实验相结合,加深学生对基础理论的理解,将设计前置,以提高设计水平;《电子工艺实训指导》中精选了 11 个符合高校实际课程需要的实训项目,使学生通过整机的装配与调试,进一步拓展其专业技能。并且系列教材中针对实验及工程中的常见问题和故障现象,给出了分析解决的思路、必要的提示及排除故障的常见方法,从而帮助学生树立全面的工程意识,提高分析问题、解决问题的实践能力。

4. 共享网络资源,同步提高

随着多媒体技术在实验教学中的广泛应用,实验教学知识也面临着资源共享的问题。该系列教材在编写过程中吸取了各校实验教学资源建设中的成果,同时拥有与之配套的网络共享资源,全方位满足各校实验教学的基本要求和提升需求,达到了资源共享、同步提高的目的。

该系列教材由黑龙江省十几所高校多年从事电工电子理论及实验教学的优秀教师共同编写,是他们长期积累的教学经验、教改成果的全面总结与展示。

我们深信:这套系列教材的出版,对于推动高等学校电工电子实验教学改革、提高学生实践动手及科研创新能力,必将起到重要作用。

教育部高等学校电工电子基础课程教学指导委员会副主任委员
中国高等学校电工学研究会理事长
黑龙江省高校电工电子实验教学研究会理事长
哈尔滨工业大学电气工程及自动化学院教授

2013 年 7 月于哈尔滨

前　言

　　《模拟电子技术实验教程》是在黑龙江省教育厅高教处的统一立项和指导下,在黑龙江省电工电子实验教学研究会的统一组织下,总结黑龙江省各高校多年来的模拟电子技术实践教学改革经验,跟踪电工电子技术发展新趋势,并结合以往电工电子系列实验讲义和参阅相关资料的基础上,针对加强学生实践能力和创新能力培养的教学目标编写完成的。

　　模拟电子技术是理工类高等院校电类专业本科生重要的专业技术基础课,具有很强的实践性。本书是根据教育部十二五规划纲要对高等教育"强化实践教学环节"的要求,针对普通高等学校电气、电子类和其他相近专业本科学生的具体情况,按照电子技术实验的教学要求,结合作者多年的实践教学改革成果和经验,编写的大众化本科生实验教材。本书主要特色有:

　　1.实验内容循序渐进,由浅入深,由基本到综合。根据不同的教学目的和训练目标,按照基础型、设计型和综合型组织实验教学内容,三者有机结合,使得实验具有一定的层次性和完备性。实验项目主要包括实验目的、实验预习要求、实验仪器设备、实验原理、实验内容及思考题等。本书将基础实验与设计实验有机结合,同一个实验也是按由浅入深,由基础到综合。这样可针对不同教学对象选择实验教学内容,有利于因材施教,提高学生的动手能力并强化学生的实践技能。

　　2.模拟电子技术实验增设了一项在通用线路板上焊接单相桥式整流滤波电路的实验项目。通过基本焊接技术和实验技能的培训,既能培养学生的实践意识,又能为后续实验教学、课程设计和电子实习等打下良好基础。

　　3.结合多年实验教学经验,针对实验中的常见问题和故障现象,给出了需要注意的温馨提示及排除故障的常规方法。

　　参加本书编写的教师多年从事电子技术课程的教学改革与实践,具有丰富的电子技术课程的教学和实践经验。本书由房国志组织和统稿,并负责了部分设计型实验的编写。第1章、第2章和综合型实验由王柏生编写,基础型实验由赵祥敏编写,部分设计型实验由李明编写。

　　在此感谢所有支持和参与该书出版的单位和同志,在编写过程中参阅或引用了部分参考资料,在此对这些作者表示衷心的感谢。

　　由于编者水平所限,书中疏漏和不妥之处在所难免,恳请广大师生给予批评指正。

编　者

2013 年 5 月

目　录

第1章 绪 论

1.1 实验教学的基本要求

1.1.1 实验前预习

在每次实验之前,学生须仔细阅读本实验指导书的相关内容,明确实验目的及要求;明确实验步骤、需要测试的数据及观察的现象;复习与实验内容有关的理论知识;预习仪器的使用方法、操作规程及注意事项;做好预习要求中提出的其他事项。

1.1.2 实验注意事项

(1)遵守实验室规则,注意人身和仪器设备的安全。

(2)实验开始前,应先检查本组的元器件设备是否齐全完备,了解元件使用方法、结构及线路的组成和接线要求。

(3)实验时每组同学应分工协作,轮流接线、记录、操作等,使每个同学都能受到全面训练。

(4)接线前应将元件合理布置,然后按电路图接线。实验电路走线、布线应简洁明了,便于测量。

(5)完成实验系统接线后,必须进行复查,按电路逐项检查各芯片、元器件的位置、极性等是否正确,确定无误后,方可通电进行实验。

(6)实验中应严格遵循操作规程,改接线路和拆线一定要在断电的情况下进行,绝对不允许带电操作。如发现异常声、味或其他事故情况,应立即切断电源,报告指导教师检查处理。

(7)测量数据或观察现象要认真细致,实事求是。使用仪器仪表要符合操作规程,切勿乱调旋钮、挡位,注意仪表的正确读数。

(8) 未经许可,不得动用其他组的仪器设备或工具等物。

(9) 实验结束后,实验记录交指导教师查看并认为无误后,方可拆除线路。最后,应清理实验桌面,清点仪器设备。

(10) 爱护公物,发生仪器设备等损坏事故时,应及时报告指导教师,按有关实验管理规定处理。

(11) 自觉遵守学校和实验室管理的其他有关规定。

1.1.3 实验总结与实验报告

每次实验结束后,应对实验进行总结,即:整理实验数据,绘制波形和图表,分析实验现象,撰写实验报告。实验报告除写明实验名称、日期、实验者姓名、同组实验者姓名外,还包括:实验目的;实验仪器、设备、电子元器件(名称、型号);实验原理;实验主要步骤及电路图;实验记录(测试数据、波形、现象);实验数据整理(按每项实验的"实验报告要求"进行计算、绘图、误差分析等);回答每项实验的有关问答题。

1.2 模拟电子技术实验的目的

"模拟电子技术实验"是高等学校电子类及相关专业学生的专业基础实验课程,它对巩固和加深课堂教学内容,提高学生实际工作技能,培养科学严谨的作风,以及为学习后续课程和从事实践技术工作奠定基础发挥重要作用。本实验课程应与"模拟电子技术"理论课程密切配合,按照基础型实验、设计型实验和综合型实验三个层次安排,理论课教师应参加实验课指导,了解实验全过程,综合考虑实验方案。实验课教师要及时了解理论课的进程及其更新内容,负责实施改革方案。

通过实验教学达到以下目的:

(1) 使学生正确熟练使用常用电子仪器、仪表。常用的仪器仪表有:双踪示波器、函数信号发生器、频率计、万用表、交流毫伏表、直流数字电压表和毫安表、直流可调稳压电源、直流可调信号源及工频低压交流电源等。

(2) 培养学生对模拟电子电路进行基本特性测试的能力。

(3) 培养学生具有正确处理实验数据、分析误差的能力。

(4) 培养学生具有初步调试、检查、分析和解决模拟电子电路中常见故障的能力。

(5) 培养学生能独立写出科学、严谨、文理通顺的实验报告。

(6) 培养学生具备一定的创新性思维与独立分析处理实际问题的能力。

1.3　模拟电子技术实验的方法

模拟电子技术实验内容非常广泛,其实验方法也多种多样,包含有多方面的内容。这里就不一一介绍了,本节只介绍基本实验方法。

1.3.1　测量仪器、仪表的选择和使用

在模拟电子技术实验中,能够顺利完成实验任务,保证应有的测量精度,与测量仪器、仪表的正确选择和使用是分不开的。

1. 测量仪器、仪表的正确选择

测量仪器、仪表种类繁多,而模拟电子技术各实验的内容对测量仪器、仪表的种类、性能要求也不尽相同。因此,如何在众多测量仪器、仪表中,能准确地选择出符合实验需要的测量仪器或仪表,这也不是太容易的事。要做到正确选择仪器、仪表,必须掌握三方面知识。首先必须了解各种常用仪器、仪表的工作原理,掌握其主要技术性能,并能熟练使用。其次,必须了解测试仪器、仪表的应用场合和使用条件,被测电路的性能指标要求及对仪器、仪表的要求。最后,也是很重要的一点,就是必须掌握测量仪器、仪表的选择原则。

选择仪器、仪表时,首先应注意,要选择的仪器、仪表,它的性能指标应符合被测电路的需要。也就是说,所选仪器、仪表的性能指标应能满足被测电路的要求。一般情况下,应从仪器、仪表的型号类型、工作频率、电压范围、测量精度和阻抗要求等方面全面考虑。其次,所选的仪器、仪表,在满足被测电路性能要求的前提下,应力求测量手段先进,测量方便、可靠。第三,对不同的测量仪器、仪表,应该有所侧重。

(1)信号发生器的选择。

信号发生器的选择,一般要根据测量方案的需要,从输出信号的波形、频率范围、输出阻抗、输出信号的幅度等几方面来综合考虑。对模拟电路的实验来说,大多数实验需要的是正弦波信号,因此,可以选择一般的正弦波信号发生器,也可以选择函数信号发生器或多用途信号发生器。对数字电路实验来说,大多数需要的是脉冲信号,因此,一般应选择脉冲信号发生器或函数信号发生器和多用途信号发生器。但要注意三个问题:一是脉冲信号输出的幅度应满足被测实验电路是TTL电平还是CMOS电平或其他电平的需要;二是输出脉冲信号的占空比应满足被测电路的需要;三是输出脉冲信号的前、后沿的上升、下降的时间应符合实验电路的需要。

(2)数字频率计的选择。

对模拟电路实验来说,只要根据频率测量范围和输入灵敏度的要求进行选择就可以了;对

数字电路实验来说,除了注意上述两点之外,还应注意有时需要满足脉冲周期、频宽等被测电路的需要。

(3)示波器的选择。

对模拟电路的实验来说,应当注意频率使用的范围、输入阻抗的要求和能否满足对被测电路进行定量测量时的各种要求;对数字电路实验来说,除上述要求外,还要注意满足对被测脉冲信号进行前后沿、脉宽等参数的观察和测量的需要。

(4)交流电子电压表的选择。

交流电子电压表,通常在模拟电路的实验中使用,在进行选择时,要求其测量电压的范围、使用的频率范围、基本误差及输入阻抗等满足被测实验电路的需要。在选择直流稳压电源时,要注意其输出的直流电压范围和带负载能力,要求满足被测电路的需要。

2.测量仪器、仪表的正确使用

在实验中用到的测量仪器、仪表很多,每种仪器、仪表都有自己的特点和使用方法。但在使用时,一般都应注意以下几个问题:

(1)详细阅读仪器使用说明,掌握使用方法。

(2)仪器、仪表在接通电源之前,要全面检查仪器、仪表各开关、旋钮的位置是否正确,观察是否有松动、滑位、错位现象,发现后应及时处理,以免在使用中出现测量错误,损坏仪器、仪表和出现伤害事故。

(3)要注意仪器、仪表的预热。

电子仪器一般都要经过预热,才能使仪器、仪表工作性能稳定,达到规定的技术指标,否则将影响测量误差。预热时间的长短一般要根据仪器、仪表的要求确定。

(4)根据仪器、仪表的要求,在使用前要进行校准或调零。

有些仪表在使用前要进行调零。调零的原则是,当无任何信号输入时使其指示为零或规定值。调零的方式有机械调零和电气调零两种,机械调零在先。

有些仪器在使用前,特别在定量测试前,要进行校准。校准方法可根据仪表要求进行。

(5)严格遵守操作规程,注意安全使用。

在实验中,严格按各仪器的要求进行操作,特别在高电压、大电流的测量中,更应注意安全。操作中认真观察,出现异常应立即报告、及时处理,避免损坏仪器或出现人身事故。

(6)正确使用仪器、仪表的连接线。

对于非平衡式仪器、仪表,如信号发生器、毫伏表、示波器和频率计等,它们一般都有两根连线,其中一根为地线,一般与仪器机壳接在一起;另一根为输出(或输入)信号线,接在仪器内部的输出(或输入)端子上。用电缆线或屏蔽线作为连接线时,电缆线或屏蔽线的芯线作为信号线用,而电缆线或屏蔽线外面的屏蔽层(金属网)作为地线用,把各仪器、仪表与实验电路相连接组成实验系统时,应把所有仪器、仪表的地线与实验电路的地线相连,千万不要把一种仪器或仪表的信号线接到实验电路的地线上。那种认为交流仪器或仪表的输出(或输入)两根线中没有正负,可以随便连接的想法是错误的。

对某些输入阻抗高的仪表应注意输入线的连接顺序,如指针式电子电压表,因其输入阻抗很高,如果在使用时,先接输入信号线,后接输入的地线;或者在拆线时,先拆地线,后拆信号线,则将在电压表的输入端产生很大的感应信号输入,导致电压表指示很大甚至指针被打断。因此在使用时,应先接地线,后接信号线;在拆线时,先拆信号线,后拆地线。又如示波器的输入阻抗很高,在示波器输入端悬空,或用手触摸示波器输入端的信号端时,都将在示波器上显示交流信号波形。因此在接线时一定要注意连接正确与接牢,否则在测量时将造成测量错误。同时,高输入阻抗的仪表,在进行高灵敏度测量时,一定注意接线要短。

1.3.2 模拟电子技术实验的基本方法

模拟电子技术实验所用的器件,通常包括分立元件、集成元件和特殊器件三类。这里结合不同器件的特点,介绍基本的实验方法。

1. 模拟电子技术实验的一般步骤

(1)确定实验电路。

根据实验题目和技术指标的要求,利用所学理论知识和查阅有关资料,经过分析对比,确定实验电路形式,画出框图和电路原理图。

(2)完成电路设计。

根据确定的电路,进行必要的理论设计和计算。确定和选用电路元件的规格、型号和规范值。

(3)安装电路。

根据实验电路的特点和性能要求,按照合理布局和安装电路的工艺要求,用面包板(或实验箱相应位置)搭出合适的电路。

(4)确定调试的方法、步骤,选择合适的测量仪器、仪表。

根据电路的原理和特点,研究和确定调试方法、步骤,并根据调试要求,选用合适的测量仪器、仪表。

（5）调试电路、排除故障。

为保证顺利完成实验任务，必须把实验电路调试到正常工作状态，为此，必须对调试电路在调试过程中出现的各种异常现象或故障进行冷静分析，找出原因，确定解决办法，完成调试工作。

（6）电路性能指标的测量。

在电路正常工作的基础上，根据实验任务和技术指标的要求，确定性能指标的测量方案、测量框图，列出具体的测量方法、步骤，测量和记录实验数据，并对测量结果进行分析、计算和对比，以确定是否需要对电路作进一步的设计、调整与修改，最后使电路达到规定的技术指标。

2.模拟电子技术实验电路的连接

要想顺利地完成实验任务，就必须有一个完整的、正确的实验电路。模拟电路实验内容繁杂，调试条件不相一致，因此，在实验电路的组装过程中，会存在各种各样的实际问题，这里仅就在电路的连接过程中应注意的几个问题进行介绍。

实验底板是实验电路的重要组成部分，在低频模拟电路实验中，常用的实验底板有面包板、万能板与实验箱插接元件底板等，在使用时要弄清底板的结构，防止出现漏接或短接现象。

实验所用的元件，在接入电路之前，一定要进行核对、测试。常用的电阻、电容虽然都给出了标称值，但在接入电路之前一定要对其数值、种类及主要性能指标进行核对，看其是否满足电路的要求。常用的有源器件如晶体管和集成电路，虽然都有明确的规格、型号要求，但其电性能指标是存在离散性的，在使用之前必须进行逐一测试，了解其性能情况，以便作为检查实验技术指标、分析实验数据误差的依据，为顺利完成实验任务做好准备。

元件在实验底板上的布局、连接对电路的性能影响很大，不同的实验电路，对元件的布局和连接要求也不同，一般应注意以下几点：

（1）元件布局要合理，力求调节、测试方便及安全。一般以单元电路为格局，以有源器件为核心，合理安排输入、输出、正负电源及各种可调元件的位置，注意布局对电路性能的影响。

（2）布线应合理，既考虑布线对性能的影响，又应注意整齐、美观。布线尽量做到直、短，尤其高频时更是如此。布线应敷在实验板上，防止悬空和松动。

（3）元件安装时应注意将标称值朝上或朝外，并与布线散开，同时还要注意某些元器件的极性。

（4）连接应注意线径要符合面包板的要求。低频时可用单芯线，高频适宜用多芯线，并注意裸线长度应在 5 mm 左右。

（5）要共地，并注意接地方式，尤其高频更应注意。

（6）为便于检查，连线的颜色应力求有规律。通常正电源线引线用红色，地线引线用黑色。

3.电路的调整与测试

此部分内容将在第 2 章进行介绍。

4.实验故障的检查

模拟电路实验内容很广泛，实验故障的现象、原因及检查处理的方法也各不相同。这里仅对故障产生的原因、检查故障的原则和方法做一般性的介绍。

（1）故障产生的原因。

产生故障的原因很多，常见的主要有以下几种：

① 实验元器件的故障。这里有三方面原因：一是元器件本身的数值、规格、型号、性能不符合实验的要求；二是元器件本身经长时间使用所产生的性能老化、变值、失效等；三是使用不当造成（例如接错、极性接反等）。

② 布线错误。实验中这种故障占很大比重，主要故障有：接错、漏接、接触不良和布线不合理造成的故障等。

③ 仪表使用错误。主要有仪表的开关或旋钮的挡位不对（错位、滑位）、使用方法不对、读数不对等。

④ 其他原因。常见的有：忘记接地线或接地方式不对，供电电压不对或接错等。

（2）检查故障的原则。

检查故障应当遵循"由大到小，由外到内，由简单到复杂"的原则。

通常实验系统由实验电路和测试仪器、仪表组成。由于实验内容不同，实验电路有的简单，有的复杂，有单级的电路，也有多级的电路。实验所用仪器、仪表，在很多情况下，都是由直流稳压电源、函数信号发生器、交流毫伏表、示波器及其他相关仪器、仪表等共同连在一起，因此实验系统有时范围很大。当处理故障时，首先按照由大到小的原则，逐渐缩小故障的范围，最后把故障缩小到某一局部。

（3）检查故障的方法。

通过测试仪器、仪表，如示波器、毫伏表或万用表，按信号流程对实验电路的各部分分别检查，根据异常情况判断出故障的部位。实验系统包括许多部分，检查、处理故障的顺序，首先应从实验电路的外部做起，先检查各种测试仪器、仪表及其连线，再检查实验电路的外部连线（电

源线、地线），最后深入到实验电路的内部进行检查，判断故障部位。

在实验中，实验故障多种多样，有简单的也有复杂的。为了尽快查出故障，首先应从简单、最容易的故障开始查起，然后再逐渐深入，处理复杂故障。不要一开始就把故障想象得很复杂，以免耽误了故障的检查。

常用的故障检查法有两种，即观察检查法和测量检查法。

① 观察检查法。首先不要接通电源。凭视觉观察查线，检查的步骤是，先检查实验电路的电源线和地线、输入线和输出线是否正常，然后以有源器件为核心，按信号流程，依次逐级检查。检查各级元件的数值、规格、型号是否正确，有无错接、漏接、极性接反等情况，各种接线有无接错、漏接情况，各种仪表的连线及开关、旋钮的挡位是否正常等。

② 测量检查法。利用观察检查法仍未发现故障，可采用测量检查法进行检查。这里又可分为静态检查和动态检查两种情况。

A.静态检查。在观察检查法的基础上，首先不接通电源。利用万用表的电阻挡检查实验电路中某些点对地的阻值，然后根据阻值的大小，分析出故障产生的原因或找出检查故障的办法。在此基础上，可接通直流电源，观察电路有无异常现象（发热、冒烟等），然后利用万用表直流电压挡，测量实验电路中各点的电位，再进行分析、比较，查出故障。

在静态检查时，特别要注意电路中有源器件电源的检查，确保各管脚电源可靠地加上，并根据各管脚电位的大小和极性判断电路是否正常工作。例如，对于阻容耦合放大器，应根据各管的基极电位、发射极电位、集电极电位的大小和极性，判断放大器是工作在放大区、饱和区，还是截止区。尤其是集成运放，一般都是双电源供电，应重点检查正负电源，电源的地和运放的地是否相连。

B.动态检查。在静态检查的基础上，利用示波器、交流毫伏表或万用表，对实验电路中各点的电位、电流或波形进行测量，为分析、检查故障提供依据，进行逐级逐点检测，然后根据信号的波形及幅度，判断电路是否正常工作或检查出故障点。

在进行动态检查时，特别要对电路本身是否存在自激振荡，是否存在外界干扰（如交流电，电台、电视台邻近工作电路，各种电器及其他外界干扰）等进行分析、检查，以便对故障作出可靠判断。

利用测量检查法检查故障时，一方面要根据故障现象和实验原理进行有针对性的测量，另一方面还要灵活运用所学理论知识，分析测量结果，从中发现问题，进而检查出故障产生的原因。在检查分析故障时，静态检查和动态检查有时是交叉进行的。

实验中的故障各种各样，分析、检查故障的方法也是多种多样的。一般应根据具体情况，进行具体分析,灵活处理。

5. 电路性能指标的测量

电路性能指标的测量方法,在下一节进行叙述。

1.4 电子电路的基本测量方法

1.4.1 静态测量和动态测量

静态测量和动态测量是根据测量过程中被测量是否随时间变化来区分的。前者是指测量时被测电路不加输入信号或只加固定电位,如放大器静态工作点的测量。后者是指在测量时被测电路需加上一定频率和幅度的输入信号,如放大器增益的测量。

1.4.2 直接测量法和间接测量法

1. 直接测量法

使用按已知标准定度的电子仪器对被测量值直接进行测量,从而测得其数据的方法称为直接测量法。例如用电压表测量交流电源电压等。需要说明的是直接测量并不意味着就是用直读式仪器进行测量,许多比较式仪器虽然不一定能直接从仪器度盘上获得被测量之值,但因参与测量的对象就是被测量,所以这种测量仍属直接测量。一般情况下直接测量法的精确度比较高。

2. 间接测量法

使用按照已知标准定度的电子仪器不直接对被测量值进行测量,而是对一个或几个与被测量具有某种函数关系的物理量进行直接测量,然后通过函数关系计算出被测量值,这种测量方法称为间接测量法。例如,要测量电阻的消耗功率,可以通过直接测量电压、电流或测量电流、电阻,然后根据 $P=UI=I^2R=U^2/R$ 求出电阻的功率。有的测量需要直接测量法和间接测量法兼用,称为组合测量法。例如,将被测量和另外几个量组成联立方程,通过直接测量这几个量最后求解联立方程,从而得出被测量的大小。

1.4.3 直读测量法与比较测量法

直读测量法是直接从仪器仪表的刻度上读出测量结果的方法。如一般用电压表测量电压、利用频率计测量信号的频率等都是直读测量法。这种方法是根据仪器仪表的读数来判断被测量的大小,简单方便,因而被广泛采用。

比较测量法是在测量过程中,通过被测量与标准值直接进行比较而获得测量结果的方法。电桥就是典型的例子,它是利用标准电阻、电容、电感对被测量进行测量。

1.4.4 测量方法的选择

采用正确的测量方法,可以得到比较精确的测量结果,否则会出现测量数据不准确或错误,甚至会出现损坏测量仪器或损坏被测设备和元件等现象。例如用万用表的 $R \times 1$ 挡测量小功率三极管的发射结电阻时,由于仪表的内阻很小,使三极管基极注入的电流过大,结果晶体管尚未使用就可能在测试过程中被损坏。

在选择测量方法时,应首先考虑被测量本身的特性、所处的环境条件、所需要的精确程度及所具有的测量设备等因素。综合考虑后正确地选择测量方法、测量设备并编制合理的测量程序,才能顺利地得到正确的测量结果。

1.4.5 电子测量仪器的放置

在电子测量中完成一项电参量的测量,往往需要数台测量仪器及各种辅助设备。例如:要观测负反馈对单级放大器的影响,就需要低频信号发生器、示波器、电子电压表及直流稳压电源等仪器。电子测量仪器摆放位置、连接方法等是否合理都会对测量过程、测量结果及仪器自身安全产生影响。因此要注意以下两点:

1. 进行测量前应安排好电子测量仪器的位置

放置仪器时应尽量使仪器的指示电表或显示器与操作者的视线平行,以减少视差。对那些在测量中需频繁操作的仪器,其位置的安排应方便操作者的使用。在测量中当需要两台或多台仪器重叠放置时,应把质量轻、体积小的仪器放在上层,对散热量大的仪器还要注意它的散热条件及对邻近仪器的影响。

2. 电子测量仪器之间的连线

电子测量仪器之间的连线除了稳压电源输出线,其他的信号线要求使用屏蔽导线,而且要尽量短,尽量做到不交叉,以免引起信号的串扰和寄生振荡。

1.4.6 电子测量仪器的接地

电子测量仪器的接地有两层意义:一是以保障操作者人身安全为目的的安全接地;二是以保证电子测量仪器正常工作为目的的技术接地。

1. 安全接地

安全接地的"地"是指真正的大地,即实验室大地。大多数电子测量仪器一般都使用

220 V 交流电源,而仪器内部的电源变压器的铁芯及初、次级之间的屏蔽层都直接与机壳连接。正常时,绝缘电阻阻值一般很大,达 100 MΩ,人体接触机壳是安全的;当仪器受潮或电源变压器质量不佳时,绝缘电阻阻值会明显下降,人体接触机壳就可能触电,为了消除隐患要求接地端良好接地。

2.技术接地

技术接地是一种防止外界信号串扰的方法。这里所说的"地"并非大地而是指等电位点,即测量仪器及被测电路的基准电位点。技术接地一般有一点接地和多点接地两种方式。前者适用于直流或低频电路的测量,即把测量仪器的技术接地点与被测电路的技术接地点连在一起,再与实验室的总地线、大地相连,多点接地则应用于高频电路的测量。

第2章 常用电子电路的设计和调试方法

2.1 常用电子电路的设计方法

设计一个电子电路系统时,首先必须明确系统的设计任务,根据任务进行方案选择,然后对方案中的各个部分进行单元电路的设计、参数计算和器件选择,最后将各个部分连接在一起,画出一个符合设计要求的完整的系统电路图。

2.1.1 明确系统的设计任务要求

对系统的设计任务进行具体分析,充分了解系统的性能、指标、内容及要求,以明确系统应完成的任务。

2.1.2 方案选择

这一步的工作要求是把系统要完成的任务分配给若干个单元电路,并画出一个能表示各单元功能的整机原理框图。

方案选择的重要任务是根据掌握的知识和资料,针对系统提出的任务、要求和条件,完成系统的功能设计。在这个过程中要敢于探索,勇于创新,力争做到设计方案合理、可靠、经济、功能齐全、技术先进。并且对方案要不断进行可行性和优缺点的分析,最后设计出一个完整框图。框图必须正确反映应完成的任务和各组成部分的功能,清楚表示系统的基本组成和相互关系。

2.1.3 单元电路的设计、参数计算和器件选择

根据系统的指标和功能框图,明确各部分电路任务,进行各单元电路的设计、参数计算和器件选择。

1. 单元电路设计

单元电路是整机的一部分,只有把各单元电路设计好才能提高整机设计水平。

每个单元电路设计前都需明确各单元电路的任务,详细拟定出单元电路的性能指标及与前后级之间的关系,分析电路的组成形式。具体设计时,可以模仿传统的先进的电路,也可以进行创新或改进,但都必须保证性能要求。而且,不仅单元电路本身要设计合理,各单元电路间也要互相配合,注意各部分的输入信号、输出信号和控制信号的关系。

2. 参数计算

为保证单元电路达到功能指标要求,就需要用电子技术知识对参数进行计算。例如,放大电路中各电阻值、放大倍数的计算;振荡器中电阻、电容、振荡频率等参数的计算。只有很好地理解电路的工作原理,正确利用计算公式,计算的参数才能满足设计要求。

参数计算时,同一个电路可能有几组数据,注意选择一组能完成电路设计要求功能的、在实践中能真正可行的参数。

计算电路参数时应注意下列问题:

(1) 元器件的工作电流、电压、频率和功耗等参数应能满足电路指标的要求。

(2) 元器件的极限参数必须留有足够的余量,一般应大于额定值的 1.5 倍。

(3) 电阻和电容的参数应选计算值附近的标称值。

3. 器件选择

(1) 阻容元件的选择。

电阻和电容种类很多,正确选择电阻和电容是很重要的。不同的电路对电阻和电容性能要求也不同,有的电路对电容的漏电要求很严,还有些电路对电阻阻值、电容的性能和容量要求很高。例如滤波电路中常用的大容量(100 ～ 3 000 μF)铝电解电容,为滤掉高频通常还需并联小容量(0.01 ～ 0.1 μF)瓷片电容。设计时要根据电路的要求选择性能和参数合适的阻容元件,并要注意功耗、容量、频率和耐压范围是否满足要求。

(2) 分立半导体元件的选择。

分立半导体元件包括二极管、晶体三极管、场效应管、光电二(三)极管和晶闸管等,根据其用途分别进行选择。

选择的器件种类不同,注意事项也不同。例如选择晶体三极管时,首先注意是选择 NPN 型还是 PNP 型管,是高频管还是低频管,是大功率管还是小功率管,并注意管子的参数 P_{CM}、I_{CM}、$U_{(BR)CEO}$、I_{CBO}、f_T 和 β 是否满足电路设计指标的要求。

（3）集成电路的选择。

由于集成电路可以实现很多单元电路甚至整机电路的功能,所以选用集成电路来设计单元电路和总体电路既方便又灵活,它不仅使系统体积缩小,而且性能可靠,便于调试及运用,在设计电路时颇受欢迎。

集成电路分模拟集成电路和数字集成电路两种。国内外已生产出大量集成电路,其器件的型号、原理、功能、特征可查阅有关手册。

选择的集成电路不仅要在功能和特性上实现设计方案,而且要兼顾功耗、电压、速度和价格等多方面的要求。

2.1.4 电路图的绘制

为详细表示设计的整机电路及各单元电路的连接关系,设计时需绘制完整电路图。

电路图通常是在系统框图、单元电路设计、参数计算和器件选择的基础上绘制的,它是组装、调试和维修的依据。绘制电路图时要注意以下几点:

（1）布局合理、排列均匀、图片清晰、便于看图,有利于对图的理解和阅读。

有时一个总电路由几部分组成,绘图时应尽量把总电路图画在一张图纸上。如果电路比较复杂,需绘制几张图,则应把主电路画在同一张图纸上,把一些比较独立的和次要的部分画在另外的图纸上,并在图的断口两端做上标记,标出信号从一张图到另一张图的引出点和引入点,以此说明各图纸在电路连线之间的关系。

有时为了强调并便于看清各单元电路的功能关系,每一个功能单元电路的元件应集中布置在一起,并尽可能按工作顺序排列。

（2）注意信号的流向,一般从输入端和信号源画起,由左至右或由上至下按信号的流向依次画出各单元电路,而反馈通路的信号流向则与此相反。

（3）图形符号要标准,图中应加适当的标注。图形符号表示器件的项目或概念。电路图中的中、大规模集成电路器件,一般用方框表示,在方框中标出它的型号,在方框的两侧标出每根线的功能名称和管脚号。除图中大规模器件外,其余元器件符号应当标准化。

（4）连接线应为直线,并且交叉和折弯应最少。通常连接可以水平或垂直布置,一般不画斜线,互相连同的交叉除用圆实点表示外,根据需要可以在连接线上加注信号名或其他标记,表示其功能或其去向。有的连线可用符号表示,例如器件的电源一般标电源电压的数值,地线用符号"⊥"表示。

设计的电路是否能满足设计要求,还必须通过组装、调试进行验证。

2.2　常用电子电路的调试方法

所谓电子电路的调试,就是以达到电路设计指标为目的而进行的一系列的"测量 → 判断 → 调整 → 再测量"反复进行的过程。电路测试和调整是电子设备的一个重要环节。通过调试发现和纠正设计方案的不足和安装的不合理,然后采取措施加以改进,使电子电路或电子装置达到预定的技术指标。

2.2.1　调试前的准备

电路安装完毕后在调试之前要做好仪器仪表的准备、电路连线的检查和电路电源的检查工作。

1. 仪器仪表的准备

调试前要做好仪器仪表的准备工作:

(1) 根据调试内容选用合格的仪器仪表。

(2) 检查仪器仪表有无故障,量程和精度应能满足调试要求,并熟练掌握仪器仪表的正确使用。

(3) 将仪器仪表放置整齐,经常用来读取信号的仪器应放置于便于观察的位置。

2. 检查连线

电路安装完毕后不要急于通电,首先要检查电路接线是否正确。通常用两种方法检查连线。

(1) 直观检查。按照电路原理图认真检查安装的线路,看是否有接错或漏接的线,包括错线、少线和多线,特别注意检查电源、地线是否正确。检查信号线、元器件引脚之间有无短接,连接处有无接触不良,二极管、三极管、集成电路、电解电容等引脚有无接错。也可用手轻拉导线并观察连接处有无接触不良。一般按顺序逐一对应检查,为防遗漏,可将已查过的线在图上做出标记,同时检查元器件引脚的使用端是否与图纸相符合。

(2) 借助于万用表"$R \times 1$"挡或数字万用表二极管挡位进行测试。注意观察连线两端连接元器件引脚的位置是否与原理图相符合,而且尽可能直接测元器件引脚,这样可同时发现引脚与连线接触不良的故障。

3. 检查电源

(1) 检查电源供电(包括极性)、信号源连线是否正确,检查直流极性是否正确、信号线连接是否正确。

（2）检查电源端对地（⊥）是否存在短路。在通电前，断开一根电源线，用万用表检查电源端对地（⊥）是否存在短路。

2.2.2　调试工作的一般程序

调试人员应按安全操作规程做好个人准备，调试用的图纸、文件、工具、备件等都应放在适当的位置上。

由于电子设备种类繁多，电路复杂，各种设备单元电路的种类及数量也不相同，所以调试程序也不尽相同。但对一般电子产品来说，调试程序大致如下：

1.通电检查

先置电源开关于"关"位置，检查电源变换开关是否符合要求（是交流 220 V 还是交流 110 V）、保险丝是否装入，输入电压是否正确。然后插上电源开关插头，闭合电源开关通电。接通电源后，电源指示灯亮，此时应注意有无放电、打火、冒烟等现象，有无异常气味，手摸电源变压器有无超温，若有这些现象，立即停电检查。另外，还应检查各种保险开关、控制系统是否起作用，各种风冷水冷系统能否正常工作。

2.电源调试

电子设备中大都具有电源电路，调试工作首先进行电源部分调试，才能顺利进行其他项目的调试。电源调试通常分两个步骤。

（1）电源空载粗调。

电源电路的调试，通常先在空载状态下进行，切断该电源的一切负载进行调试。其目的是避免因电源电路未经调试而加载，引起部分电子元器件的损坏。

调试时，插上电源部分的印制电路板，测量有无稳定的直流电压输出，其值是否符合设计要求或调节取样电位器使其达到预定的设计值。测量电源各级的直流工作点和电压波形，检查工作状态是否正常，有无自激振荡等。

（2）电源加负载细调。

在粗调正常的情况下，加上额定负载，再测量各项性能指标，观察是否符合额定的设计要求，当达到要求的最佳值时，选定有关调试元件，锁定有关电位器等调整元件，使电源电路具有加载时所需的最佳功能状态。

有时为了确保负载电路的安全，在加载调试之前，先在等效负载下对电源电路进行调试，以防匆忙接入负载电路可能会受到冲击。

3.分级分板调试

电源电路调好后，可进行其他电路调试，这些电路通常按单元电路的顺序，根据调试的需要及方便,由前到后或从后到前地依次插入各部件或印制电路板进行调试。首先检查和调整静态工作点,然后进行各参数的调整,直到各部分电路均符合技术文件规定的各项指标为止。

注意 调整高频部件时,为了防止工业干扰和强电磁场的干扰,调整工作最好在屏蔽室进行。

4. 整机调整

各部件调整好之后,把所有的部件及印制电路板全部插上,进行整机调整,检查各部分连接有无影响,以及机械结构对电气性能的影响等。整机电路调整好之后,测试整机总的消耗电流和功率。

5. 整机性能指标的测试

经过调整和测试,确定并紧固各调整元件。在对整机装调质量进一步检查后,对设备进行全参数测试,各项参数的测试结果均应符合技术文件规定的各项技术指标。

6. 环境试验

有些电子设备在调试完成之后,需要进行环境试验,以考验其在相应环境下正常工作的能力。环境试验有温度、湿度、气压、振动、冲击和其他环境试验,应严格按技术文件规定执行。

7. 整机通电老练试验

大多数的电子设备在测试完成之后,均进行整机通电老练试验,目的是提高电子设备工作的可靠性。通电老练试验应按产品技术条件的规定进行。

8. 参数复调

经整机通电老练试验后,整机各项技术性能指标会有一定程度的变化,通常还需要进行参数复调,使交付使用的设备具有最佳的技术状态。

2.2.3 调试方法和步骤

调试包括测试和调整两个方面。

为了使调试顺利进行,应先熟悉电路图工作原理,拟定好调试步骤。在电路图上标明元器件参数、各点的电位值、主要测试点的电位值及相应的波形图和其他主要数据。

调试方法通常采用先分调后统调。

调试时可以循着信号流程,逐级调整各单元电路,使其参数基本符合设计指标。即把组成电路的各功能块(或基本单元电路)先调试好,再逐步扩大调试范围,最后完成整机调试。

1. 通电观察

把电路中所有连线检查无误并接入测试仪器仪表后,把经过准确测量的电源接入电路。

电源接通后,不要急于测量数据,首先要观察有无异常现象,包括有无打火冒烟、是否闻到异常气味、手摸元器件是否发烫、电源是否有短路现象等。如果出现异常,应立即切断电源,待排除故障后才能再通电。测量各路总电源电压和元器件引脚的电源电压,以保证元器件正常工作。通过通电观察,认为电路初步工作正常,即可转入正常调试。

2.调试方法

对于调试方法,简单电路可以直接调试,对于复杂电路,一般采用分块调试的方法,也就是把复杂电路按原理框图上的功能分块,在分块调试的基础上逐步扩大调试范围,最后完成整机调试。

调试内容包括静态调试和动态调试。调试顺序一般按信号流向进行,这样可用前面调试过的输出信号作为后一级的输入信号,为最后联调创造有利条件。

(1)静态调试。

静态调试是指在没有外加信号的条件下,测试电路各点的电位并加以调整,达到设计值所进行的直流测试和调整过程。例如,通过静态调试模拟电路的静态工作点、数字电路的各输入端和输出端的高、低电平值及逻辑关系等。通过静态测试可以及时发现已经损坏的元器件,判断电路的工作情况,并及时调整电路参数,使电路的工作状态符合设计要求。

对于运算放大器,除静态检测正、负电源是否接上外,主要检查在输入为零时,输出端是否接近零电位,调零电路起不起作用。当运放输出直流电位始终接近正电源电压值或负电源电压值时,说明运放处于阻塞状态,可能是外电路没有接好,也可能是运放已经损坏。如果通过调零电位器不能使输出为零,除了运放内部对称性差外,也可能是运放处于自激振荡状态,所以对于实验板直流工作状态的调试,最好能够接上示波器进行观察。

(2)动态调试。

静态调试正常后,再进行动态调试。动态调试是在静态调试的基础上进行的。调试的方法是在电路的输入端接入适当频率和幅值的信号,或利用自身的信号检查各种动态指标是否满足要求,并循着信号的流向逐级检测各有关点的波形形状、信号幅值、相位关系、频率、放大倍数等参数和性能指标,必要时进行适当的调整,使指标达到要求。若发现故障现象,应先采取不同的方法缩小故障范围,待排除故障后,再进行动态调整。

测试过程中不能凭感觉和印象,要始终借助仪器观察。使用示波器时,最好把示波器的信号输入方式置于"DC"挡,通过直流耦合方式,可同时观察被测信号的交直流成分。

通过调试,最后检查功能块和整机的各项指标(如信号的幅度、波形形状、相位关系、增益、输入阻抗和输出阻抗等)是否满足设计要求,如果有必要,再进一步对电路参数提出合理的修正。

3. 整机联调

在分块调试过程中，由于是逐步扩大调试范围，所以，实际上已经完成了某些局部联调工作。在联调之前，首先要做好各单元电路之间接口电路的调试工作，然后再把全部电路连通进行整机调试。调试重点应放在关键单元电路或采用新电路、新技术的部位。调试顺序可以按信息传递的方向或路径，一级一级地测试，逐步完成全电路的调试工作。

4. 指标测试

电路能正常工作后，即可进行技术指标测试。根据实验要求，逐个检测指标完成情况，凡未能达到指标要求的，需要分析原因，重新调整，以便达到技术指标要求。

2.2.4　调试中应注意的事项

在调试过程中，自始至终都必须具有严谨细致的科学作风，不能存在侥幸心理，当出现故障时，不要手忙脚乱，要认真查找故障的原因，仔细分析作出判断，切忌一遇到故障，解决不了问题就要拆掉线路而重新安装，或者盲目地更换元器件。因为即使重新安装，线路的问题可能依然存在，何况在原理上，问题并不是重新安装就能够解决的。再则，重新安装而找不出原因，会使自己失去一次分析和解决问题的锻炼机会，要认真查找故障原因，仔细分析判断，根据原电路原理找出解决问题的办法。

在调试过程中，要注意安全，接线、拆线和仪器仪表的连接一定要在断电的情况下进行，注意仪器仪表电压、电流的量程，彻底杜绝人身事故和仪器仪表损坏事故的发生。

综上所述，我们即可对电子设备等进行调试，通过调试过程，使电路的各项性能指标达到要求，使系统能够正常工作。

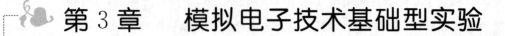

第 3 章　　模拟电子技术基础型实验

3.1　实验一　常用电子仪器的使用

3.1.1　实验目的

（1）学会万用表的使用方法。

（2）学会交流毫伏表的使用方法。

（3）学会正确使用信号发生器。

（4）掌握用双踪示波器观察正弦信号波形和读取波形参数的方法。

3.1.2　实验预习要求

（1）复习有关示波器、函数信号发生器、交流毫伏表及数字万用表部分内容。

（2）测量交流电压信号时，应当使用数字万用表的交流挡还是使用交流毫伏表？ 为什么？

3.1.3　实验仪器与器件

（1）数字万用表:1块；

（2）交流毫伏表:1台；

（3）双踪示波器:1台；

（4）函数信号发生器:1台。

3.1.4　实验原理

1.测量交流电压幅值的方法

将 Y 轴输入耦合开关置"AC"位置；将"Y轴微调"旋钮顺时针旋到"校准"位置；适当调节

"Y 轴灵敏度"$(\frac{v}{\text{div}})$ 和"扫描范围"$(\frac{t}{\text{div}})$ 的挡级,使显示波形垂直偏移尽可能大,稳定显示一个至数个周期的波形,则测得波形的峰－峰值为

$$V_{P-P} = H_Y \times D_Y$$

式中　　H_Y——信号波形峰－峰值在 Y 轴上的高度(格数);

　　　　D_Y——所选择的 Y 轴灵敏度挡级。

若被测信号通过 10:1 探头输入,因探头对被测电压有 10 倍衰减,被测电压 V_{P-P} 应乘 10 倍,上式则改写为

$$V_{P-P} = H_Y \times D_Y \times 10$$

由峰－峰值 V_{P-P} 可计算出被测电压有效值 $V_\circ$ 为

$$V_\circ = \frac{V_{P-P}}{2\sqrt{2}}$$

2. 测量信号的周期与频率的方法

对于周期性的被测信号,只要先测定一个完整周期时间 T,则被测信号的频率值可按 $f = \frac{1}{T}$ 求出。其测量方法如下:

将"扫描微调"旋钮顺时针旋到"校准"位置;若波形不稳定,可将触发方式开关拨到"常态"或"高频"位置,调节触发电平电位器使波形稳定显示。调节"扫描时间"$(\frac{t}{\text{div}})$ 旋钮,使屏幕上显示波形的一个周期尽量大些。读取一个周期所占水平方向格数 H_X 及"扫描速度"$\frac{t}{\text{div}}$,被测信号的周期为

$$T = H_X \times (\frac{t}{\text{div}})$$

其频率 $f = \frac{1}{T}$(Hz)。

3.1.5　实验内容

1. 用示波器观察信号波形

接通信号源,使信号发生器输出 500 Hz,2 V(用万用表和晶体管毫伏表分别测量)的正弦信号,调节 X 轴扫描时间旋钮及微调旋钮,使屏幕上显示出 3 ～ 5 个完整周期,幅度适中的稳定波形,其他各控制旋钮调节到表 3.1 所示位置。根据光点亮度及清晰度适当调节辉度和聚焦旋钮。

表 3.1　示波器开关或旋钮位置

开关或旋钮名称	位置	开关或旋钮名称	位置
输入耦合开关(AC − GND − DC)	AC	内触发源选择开关	NORM
垂直方式选择开关	CH_1 或 CH_2	扫描方式开关	AUTO
触发源选择开关	INT	触发耦合开关	AC
触发极性	+		

2.测量交流电压幅值

接通信号源,调节信号发生器使其输出 50 kHz,信号电压分别为 2 V、0.2 V、100 mV 的正弦信号,用晶体管毫伏表测定,在示波器上调出 1 ～ 2 个稳定的波形,将测量结果填入表 3.2 中。

表 3.2　交流电压幅值

晶体管毫伏表的读数 /V			
示波器测量的电压峰 − 峰值 /V			
示波器测量的电压有效值 /V			

3.测量信号的周期与频率

将低频信号发生器的输出信号电压调节为 2 V,接至示波器的"Y 轴输入"。改变低频信号发生器信号的频率分别为 4 kHz、2 kHz 和 1 kHz,用示波器分别测量信号发生器的信号周期,并换算出相应的频率值 f,记录在表 3.3 中。

表 3.3　信号的周期与频率

信号发生器频率指示 /kHz	4	2	1
"扫描时间"标称值$\left(\dfrac{t}{\text{div}}\right)$			
一个周期占水平方向的格数			
信号周期 $T/\mu s$			
信号频率 f/Hz			

3.1.6　实验注意事项

（1）进行实验时，应先估算电压和电流值，合理选择仪表的量程，勿使仪表超量程，仪表的极性也不可接错。

（2）预习报告只需预习实验内容，并且在原始记录处列出实验记录数据所用表格，在后面的实验内容里需要填写理论值。

3.1.7　实验思考题

（1）用交流电压表测量交流电压时，信号频率的高低对读数有无影响？

（2）如何得到频率 $f=1\ \mathrm{kHz}$、幅值为 $10\ \mathrm{mV}$（有效值）的正弦信号？

（3）实验过程中，可以从示波器读取测量数据，也可以用交流毫伏表测量数据，试说明两个测量结果有什么不同？

3.1.8　实验报告要求

（1）整理实验数据，对预习要求回答的问题进行归纳。

（2）归纳本次实验用到的示波器、函数信号发生器、交流毫伏表和数字万用表的使用方法。

（3）写出通过本次实验，掌握了哪些实验方法和需注意的地方，有些什么体会，以及对实验方法的改进建议。

3.2　实验二　单管共射极放大电路

3.2.1　实验目的

（1）掌握放大器静态工作点的调试方法，学会分析静态工作点对放大器性能的影响。

（2）掌握放大器电压放大倍数、输入电阻、输出电阻及最大不失真输出电压的测试方法。

（3）熟悉常用电子仪器及模拟电路实验设备的使用。

3.2.2　实验预习要求

（1）复习教材中有关单管共射极放大电路的工作原理，根据图 3.1 所示实验电路估算出放大器的静态工作点、电压放大倍数 A_u、A_{us}、输入电阻 R_i 和输出电阻 R_o。

（2）预习实验内容，了解测试单管共射极放大电路的静态工作点及动态性能指标的

方法。

（3）复习示波器、函数信号发生器、交流毫伏表等实验仪器的使用方法。

3.2.3　实验仪器与器件

（1）数字万用表：1块；

（2）交流毫伏表：1台；

（3）双踪示波器：1台；

（4）函数信号发生器：1台；

（5）三极管：1个；

（6）滑动可变电阻器：1个；

（7）电阻：6个；

（8）电容：3个。

3.2.4　实验原理

图 3.1 为电阻分压式工作点稳定单管共射极放大器实验电路图。它的偏置电路采用 R_{B2} 和 R_{B1} 组成的分压电路，在发射极中接有电阻，以稳定放大器的静态工作点。

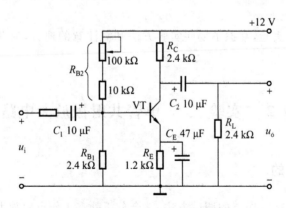

图 3.1　单管共射极放大器实验电路

在图 3.1 电路中，当流过偏置电阻 R_{B1} 和 R_{B2} 的电流远大于晶体管 VT 的基极电流 I_B 时（一般 5～10 倍），则它的静态工作点可用下式估算，U_{CC} 为供电电源，为 +12 V。

$$U_B \approx \frac{R_{B1}}{R_{B1} + R_{B2}} U_{CC} \tag{3.1}$$

$$I_E = \frac{U_B - U_{BE}}{R_E} \approx I_C \tag{3.2}$$

$$U_{CE} = U_{CC} - I_C(R_C + R_E) \tag{3.3}$$

电压放大倍数

$$A_u = -\beta \frac{R_C /\!/ R_L}{r_{be}} \tag{3.4}$$

输入电阻

$$R_i = R_{B1} /\!/ R_{B2} /\!/ r_{be} \tag{3.5}$$

输出电阻

$$R_o \approx R_C \tag{3.6}$$

1.放大器静态工作点的测量与调试

（1）静态工作点的测量。

测量放大器的静态工作点，应在输入信号 $u_i = 0$ 的情况下进行，即将放大器输入端与地端短接，然后选用量程合适的数字万用表，分别测量晶体管的集电极电流 I_C 及各电极对地的电位 U_B、U_C 和 U_E。一般实验中，为了避免断开集电极，所以采用测量电压，然后算出 I_C 的方法，例如，只要测出 U_E，即可用 $I_C \approx I_E = \dfrac{U_E}{R_E}$ 算出 I_C（也可根据 $I_C = \dfrac{U_{CC} - U_C}{R_C}$，由 U_C 确定 I_C），同时也能算出 $U_{BE} = U_B - U_E$，$U_{CE} = U_C - U_E$。

（2）静态工作点的调试。

放大器静态工作点的调试是指对三极管集电极电流 I_C（或 U_{CE}）的调整与测试。静态工作点是否合适，对放大器的性能和输出波形都有很大的影响。如工作点偏高，放大器在加入交流信号以后易产生饱和失真，此时 u_o 的负半周将被削底，如图 3.2(a) 所示；如工作点偏低，则易产生截止失真，即 u_o 的正半周被缩顶（一般截止失真不如饱和失真明显），如图 3.2(b) 所示。这些情况都不符合不失真放大的要求。所以在选定工作点以后还必须进行动态调试，即在放大器的输入端加入一定的 u_i，检查输出电压 u_o 的大小和波形是否满足要求。如不满足，则应调节静态工作点的位置。

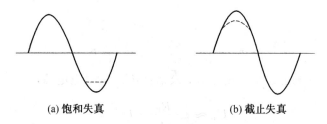

(a) 饱和失真 　　　　　　　　(b) 截止失真

图 3.2 　 静态工作点对 u_o 波形失真的影响

改变电路参数 U_{CC}、R_C、R_B（R_{B1}，R_{B2}）都会引起静态工作点的变化，如图 3.3 所示，但通常多采用调节偏置电阻 R_{B2} 的方法来改变静态工作点，如减小 R_{B2}，则可使静态工作点提高等。

最后还要说明的是,上面所说的工作点"偏高"或"偏低"不是绝对的,应该是相对信号的幅度而言,如信号幅度很小,即使工作点较高或较低也不一定会出现失真。所以确切地说,产生波形失真是信号幅度与静态工作点设置配合不当所致。如需满足较大信号的要求,静态工作点最好尽量靠近交流负载线的中点。

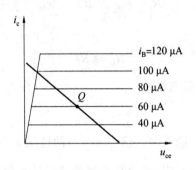

图 3.3　电路参数对静态工作点的影响

2. 放大器动态指标测试

放大器动态指标测试包括电压放大倍数、输入电阻、输出电阻、最大不失真输出电压(动态范围)和通频带等。

(1) 电压放大倍数 A_u 的测量。

调整放大器到合适的静态工作点,然后加入输入电压 u_i,在输出电压 u_o 不失真的情况下,用交流毫伏表测出 u_i 和 u_o 的有效值 U_i 和 U_o,则

$$A_u = \frac{U_o}{U_i} \tag{3.7}$$

(2) 输入电阻 R_i 的测量。

为了测量放大器的输入电阻,按图 3.4(a) 电路在被测放大器的输入端与信号源之间串入已知电阻 R,在放大器正常工作的情况下,用交流毫伏表测出 U_s 和 U_i,则根据输入电阻的定义可得

$$R_i = \frac{U_i}{I_i} = \frac{U_i}{\dfrac{U_R}{R}} = \frac{U_i}{U_s - U_i} R \tag{3.8}$$

测量时应注意:

① 测量 R 两端电压 U_R 时必须分别测出 U_s 和 U_i,然后按 $U_R = U_s - U_i$ 求出 U_R 值。

② 电阻 R 的值不宜取得过大或过小,以免产生较大的测量误差,通常取 R 与 R_i 为同一数量级为好,本实验可取 $R = 1 \sim 2 \text{ k}\Omega$。

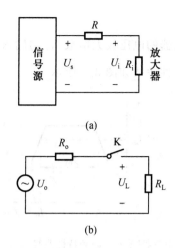

(a)

(b)

图 3.4　输入、输出电阻测量电路

（3）输出电阻 R_o 的测量。

按图 3.4(b) 电路，在放大器正常工作条件下，测出输出端不接负载 R_L 的输出电压 U_o 和接入负载后的输出电压 U_L，根据

$$U_L = \frac{R_L}{R_o + R_L} U_o \tag{3.9}$$

即可求出 R_o 为

$$R_o = (\frac{U_o}{U_L} - 1) R_L \tag{3.10}$$

在测试中应注意，必须保持 R_L 接入前后输入信号的大小不变。

（4）最大不失真输出电压 U_{OPP} 的测量（最大动态范围）。

如上所述，为了得到最大动态范围，应将静态工作点调在交流负载线的中点。为此在放大器正常工作情况下，逐步增大输入信号的幅度，并同时调节 R_w（改变静态工作点），用示波器观察 u_o，当输出波形同时出现削底和缩顶现象（图 3.5）时，说明静态工作点已调在交流负载线的中点。然后反复调整输入信号，使波形输出幅度最大，且无明显失真时，用交流毫伏表测出 U_o（有效值），则动态范围等于 $2\sqrt{2} U_o$。或用示波器直接读出 U_{OPP}。

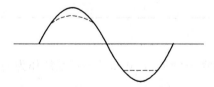

图 3.5　静态工作点正常，输入信号太大引起的失真

（5）放大器频率特性的测量。

放大器的频率特性是指放大器的电压放大倍数 A_u 与输入信号频率 f 之间的关系曲线。单管阻容耦合放大电路的幅频特性曲线如图 3.6 所示。

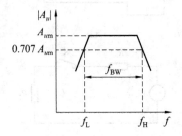

图 3.6　幅频特性曲线

A_{um} 为中频电压放大倍数，通常规定电压放大倍数随频率变化下降到中频放大倍数的 $1/\sqrt{2}$ 倍，即 $0.707A_{um}$ 所对应的频率分别称为下限频率 f_L 和上限频率 f_H，则通频带

$$f_{BW} = f_H - f_L \tag{3.11}$$

放大器的幅频特性就是测量不同频率信号时的电压放大倍数 A_u。为此可采用前述测 A_u 的方法，每改变一个信号频率，测量其相应的电压放大倍数，测量时注意取点要恰当，在低频段与高频段要多测几点，在中频段可以少测几点。此外，在改变频率时，要保持输入信号的幅度不变，且输出波形不能失真。

3.2.5　实验内容

1. 测量静态工作点

按图 3.1 所示连接电路。输入接地，使 $u_i = 0$。打开电源开关，调节 R_w，使 $I_C = 2.0\ mA$（即 $U_E = 2.4\ V$），用万用表测量 U_B、U_E、U_C、R_{B2} 值，记入表 3.4。

表 3.4　放大电路静态工作点

测量值				计算值		
U_B/V	U_E/V	U_C/V	$R_{B2}/k\Omega$	U_{BE}/V	U_{CE}/V	I_C/mA

2. 测量电压放大倍数

调节一个频率为 $1\ kHz$、峰—峰值为 $50\ mV$ 的正弦波作为输入信号 u_i。用双踪示波器观察放大器输入电压 u_i 和输出电压 u_o 的波形，在 u_o 波形不失真的条件下用毫伏表测量 u_o 值，并用双踪示波器观察 u_o 和 u_i 的相位关系，记入表 3.5。

表 3.5　电压放大倍数

$R_C/k\Omega$	$R_L/k\Omega$	U_o/V	A_u	观察记录一组 u_o 和 u_i 波形
2.4	∞			
1.2	∞			
2.4	2.4			

3. 观察静态工作点对输出波形失真的影响

在步骤 2 "测量电压放大倍数" 中 $R_C = 2.4\ k\Omega$、$R_L = \infty$ 的条件下,使 $u_i = 0$,调节 R_w 使 $I_C = 2.0\ mA$(参见本实验步骤 1 "测量静态工作点"),测出 U_{CE} 值。调节一个频率为 1 kHz、峰—峰值为 50 mV 的正弦波作为输入信号 u_i,再逐步加大输入信号,使输出电压 u_o 足够大但不失真。然后保持输入信号不变,分别增大和减小 R_w,使波形出现失真,绘出 u_o 的波形,并测出失真情况下的 I_C 和 U_{CE} 值,记入表 3.6。每次测 I_C 和 U_{CE} 值时要使输入信号为零(使 $u_i = 0$)。

表 3.6　静态工作点对输出波形失真的影响

I_C/mA	U_{CE}/V	u_o 波形	失真情况	管子工作状态
2.0				

4. 测量最大不失真输出电压

在步骤 2 的 $R_C = 2.4\ k\Omega$、$R_L = 2.4\ k\Omega$ 的条件下,同时调节输入信号的幅度和电位器 R_w,用示波器和毫伏表测量 U_{OPP} 及 U_o 值,记入表 3.7。

表 3.7　最大不失真输出电压

I_C/mA	U_{im}/mV	U_{om}/V	U_{OPP}/V(峰—峰值)

5. 测量输入电阻和输出电阻

按图 3.4 所示,取 $R = 2\ k\Omega$,置 $R_C = 2.4\ k\Omega$,$R_L = 2.4\ k\Omega$,$I_C = 2.0\ mA$。输入 $f = 1\ 000\ Hz$、峰—峰值为 50 mV 的正弦信号,在输出电压 u_o 不失真的情况下,用毫伏表测出 U_s、U_i 和 U_L,用式(3.8)计算出 R_i。

保持 U_s 不变,断开 R_L,测量输出电压 U_o,用式(3.10)计算出 R_o。

6. 测量幅频特性曲线

取 $I_C = 2.0\ mA$,$R_C = 2.4\ k\Omega$,$R_L = 2.4\ k\Omega$。保持上步输入信号 u_i 不变,改变信号源频率 f,逐点测出相应的输出电压 U_o,自作表记录数据。为使频率 f 取值合适,可先粗测一下,找出

中频范围,然后再仔细读数。

3.2.6 实验注意事项

(1)不要带电连线,接好电路检查无误再通电。

(2)测量静态电压时,注意正确调整万用表挡位;实验中不直接测量电路电流值,通过测量两点电位差得出电压,计算电流。

(3)静态工作点调好后,不要再动电位器,以免影响测量。

3.2.7 实验思考题

(1)静态工作点变化对放大器输出波形有什么影响?

(2)当调节偏置电阻 R_B,使放大器输出波形出现饱和或截止失真时,晶体管的管压降 U_{CE} 怎样变化?

(3)能否用万用表的直流电压挡直接测量晶体管的 U_{CE}?为什么实验中要采用测 U_C、U_E,再间接算出 U_{CE} 的方法?

3.2.8 实验报告要求

(1)整理实验数据,与理论值进行比较。

(2)分析实验中改变 R_B 对静态工作点及输出波形的影响。

(3)总结电压放大倍数、输入电阻、输出电阻的测量方法。

3.3 实验三 晶体管两级放大电路

3.3.1 实验目的

(1)掌握两级阻容放大器的静态分析和动态分析方法。

(2)加深理解放大电路各项性能指标。

3.3.2 实验预习要求

(1)复习多级放大器的耦合方式及多级放大器的分析方法。

(2)了解放大电路静态和动态工作参数测量方法。

(3)复习测量放大电路各静态和动态参数的步骤。

3.3.3　实验仪器与器件

(1) 数字万用表:1 块;

(2) 交流毫伏表:1 台;

(3) 双踪示波器:1 台;

(4) 函数信号发生器:1 台;

(5) 三极管:2 个;

(6) 滑动可变电阻器:1 个;

(7) 电阻:9 个;

(8) 电容:4 个。

3.3.4　实验原理

实验电路图如图 3.7 所示。

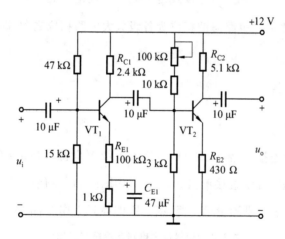

图 3.7　晶体管两级阻容耦合放大电路

1.两级放大电路的静态分析

阻容耦合因有隔直作用,故各级静态工作点互相独立,只要按 3.2 节分析方法,一级一级地计算即可。

2.两级放大电路的动态分析

(1)中频电压放大倍数的估算。

$$A_u = A_{u1} \times A_{u2} \tag{3.12}$$

单管基本共射电路电压放大倍数为

$$A_u = -\frac{\beta R_L'}{r_{be} + (1+\beta)R_e} \tag{3.13}$$

注意　公式中的 R_L' 不仅是本级电路输出端的等效电阻,还应包含下级电路等效至输入端的电阻,即前一级输出端往后看总的等效电阻。

(2)输入电阻的估算。

两级放大电路的输入电阻一般来说就是输入级电路的输入电阻,即

$$R_i \approx R_{i1} \tag{3.14}$$

(3)输出电阻的估算。

两级放大电路的输出电阻一般来说就是输出级电路的输出电阻,即

$$R_o \approx R_{o2} \tag{3.15}$$

(4)两级放大电路的频率响应。

① 幅频特性。已知两级放大电路总的电压放大倍数是各级放大电路放大倍数的乘积,则其对数幅频特性便是各级对数幅频特性之和,即

$$20\lg|\dot{A}_u| = 20\lg|\dot{A}_{u1}| + 20\lg|\dot{A}_{u2}| \tag{3.16}$$

② 相频特性。两级放大电路总的相位为各级放大电路相位之和,即

$$\varphi = \varphi_1 + \varphi_2 \tag{3.17}$$

3.3.5　实验内容

1.测量静态工作点

按图 3.7 所示正确连接电路,u_i、u_o 悬空,接入 +12 V 电源。在 $u_i = 0$ 情况下,打开开关,第一级静态工作点已固定,可以直接测量。调节 100 kΩ 电位器使第二级的 $I_{C2} = 1.0$ mA(即 $U_{E2} = 0.43$ V),用万用表分别测量第一级、第二级的静态工作点,记入表 3.8。

表 3.8　两级放大电路各级静态工作点

	U_B/V	U_E/V	U_C/V	I_C/mA
第一级				
第二级				

2.测试两级放大器的各项性能指标

调节一个频率为 1 kHz、峰—峰值为 50 mV 的正弦波作为输入信号 u_i。用示波器观察放大器输出电压 u_o 的波形,在不失真的情况下用毫伏表测量 U_i、U_o,计算出两级放大器的倍数,输出电阻和输入电阻的测量按 3.2 节方法测得,U_{o1} 与 U_{o2} 分别为第一级电压输出与第二级电压输出。A_{u1} 为第一级电压放大倍数,A_{u2} 为第二级电压放大倍数,A_u 为整个电压放大倍数,根

据接入的不同负载测量性能指标记入表 3.9。

表 3.9　放大器的各项性能指标

负载	U_i/mV	U_{o1}/mV	U_{o2}/mV	U_o/V	A_{u1}	A_{u2}	A_u	$R_i/\text{k}\Omega$	$R_o/\text{k}\Omega$
$R_L \to \infty$									
$R_L = 10 \text{ k}\Omega$									

3. 测量频率特性曲线

保持输入信号 u_i 的幅度不变,改变信号源频率 f,逐点测出 $R_L = 10 \text{ k}\Omega$ 时相应的输出电压 U_o,用双踪示波器观察 u_o 与 u_i 的相位关系,自作表记录数据。为使频率 f 取值合适,可先粗测一下,找出中频段范围,然后再仔细读数。

3.3.6　实验注意事项

(1) 连线时应关闭电源,接好电路检查无误再通电。

(2) 布线时,尽可能走短线,避免出现寄生振荡。

3.3.7　实验思考题

(1) 通过实验说明第二级放大电路的输入电阻对前一级放大倍数有什么影响?

(2) 为什么第一级的静态工作点应在第二级不失真的情况下尽量调低些?

3.3.8　实验报告要求

(1) 整理实验数据,分析实验结果。

(2) 画出实验电路的频率特性简图,算出 f_H 和 f_L。

(3) 写出增加频率范围的方法。

3.4　实验四　场效应管放大电路

3.4.1　实验目的

(1) 了解结型场效应管的性能和特点。

(2) 进一步熟悉放大器动态参数的测试方法。

3.4.2　实验预习要求

(1) 复习有关场效应管部分内容,并分别用图解法与计算法估算管子的静态工作点(根据实验电路参数),求出工作点处的跨导 g_m。

(2) 如何测量场效应管静态工作电压 U_{GS}?

(3) 根据场效应管输入阻抗高的特点,掌握高输入阻抗的测试方法。

3.4.3 实验仪器与器件

(1) 数字万用表:1 块;

(2) 交流毫伏表:1 台;

(3) 双踪示波器:1 台;

(4) 函数信号发生器:1 台;

(5) 场效应三极管:1 个;

(6) 滑动可变电阻器:2 个;

(7) 电阻:4 个;

(8) 电容:3 个。

3.4.4 实验原理

实验电路如图 3.8 所示。

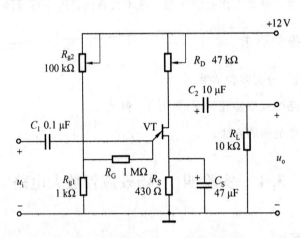

图 3.8 结型场效应管共源极放大器

1.结型场效应管的特性和参数

场效应管的特性主要有输出特性和转移特性,图 3.9 所示为 N 沟道结型场效应管 3DJ6F 的输出特性和转移特性曲线。其直流参数主要有饱和漏极电流 I_{DSS},夹断电压 U_P 等;交流参数主要有低频跨导 $g_m = \dfrac{\Delta I_D}{\Delta U_{GS}}\bigg|_{U_{GS}=\text{常数}}$,表 3.10 列出了 3DJ6F 的典型参数值及测试条件。

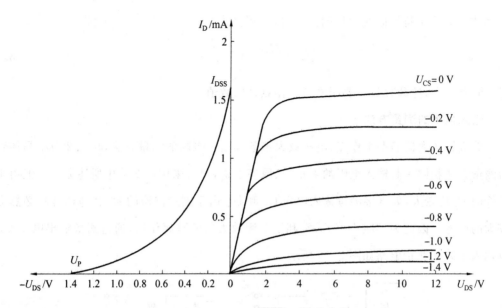

图 3.9　3DJ6F 的输出特性和转移特性曲线

表 3.10　3DJ6F 的典型参数

参数名称	饱和漏极电流 I_{DSS}/mA	夹断电压 U_P/V	跨导 g_m/(μA·V^{-1})
测试条件	$U_{DS} = 10$ V $U_{GS} = 0$ V	$U_{DS} = 10$ V $I_{DS} = 50\ \mu$A	$U_{DS} = 10$ V $I_{DS} = 3$ mA $f = 1$ kHz
参数值	$1 \sim 3.5$	$< \lvert -9 \rvert$	$> 1\,000$

2. 场效应管放大器性能分析

图 3.8 为结型场效应管组成的共源极放大电路，其静态工作点

$$U_{GS} = U_G - U_S = \frac{R_{g1}}{R_{g1} + R_{g2}} U_{DD} - I_D R_S \tag{3.18}$$

$$I_D = I_{DSS}\left(1 - \frac{U_{GS}}{U_P}\right)^2 \tag{3.19}$$

中频电压放大倍数

$$A_u = -g_m = -g_m R_D \mathbin{/\!/} R_L \tag{3.20}$$

输入电阻

$$R_i = R_G + R_{g1} \mathbin{/\!/} R_{g2} \tag{3.21}$$

输出电阻

$$R_o \approx R_D \tag{3.22}$$

式中，跨导 g_m 可由特性曲线用作图法求得，或用公式

$$g_m = \frac{2I_{DSS}}{U_P}(1 - \frac{U_{GS}}{U_P})\qquad(3.23)$$

计算。但要注意，计算时 U_{GS} 要用静态工作点处的数值。

3.输入电阻的测量方法

场效应管放大器静态工作点、电压放大倍数和输出电阻的测量方法，与 3.2 节中晶体管放大器测量方法相同。其输入电阻的测量，从原理上讲，也可采用 3.2 节中所述方法。但由于场效应管的 R_i 比较大，如直接测量输入电压 U_s 和 U_i，由于测量仪器的输入电阻有限，必然会带来较大的误差。因此为了减小误差，常利用被测放大器的隔离作用，通过测量输出电压 U_o 来计算输入电阻。测量电路如图 3.10 所示。

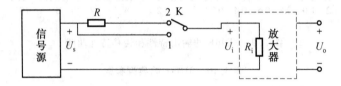

图 3.10　输入电阻测量电路

在放大器的输入端串入电阻 R，把开关 K 掷向位置 1（使 $R = 0$），测量放大器的输入电压

$$U_{o1} = A_u U_s$$

保持 U_s 不变，再把 K 掷向位置 2（接入 R），测量放大器的输出电压 U_{o2}。由于两次测量中 A_u 和 U_s 保持不变，故

$$U_{o2} = A_u U_i = \frac{R_i}{R + R_i} U_s A_u$$

由此可以求出

$$R_i = \frac{U_{o2}}{U_{o1} - U_{o2}} R\qquad(3.24)$$

式中，R 和 R_i 不要相差太大，本实验可取 $R = 100 \sim 200$ kΩ。

3.4.5　实验内容

1.静态工作点的测量和调整

按图 3.8 连线，且使电位器 R_D 初始值调到 4.3 kΩ。使 $u_i = 0$，打开直流开关，用万用表测量 U_G、U_S 和 U_D。检查静态工作点是否在特性曲线放大区的中间部分，若合适则把结果记入表 3.11；若不合适，则适当调整 R_{g2}。调好后，再测量 U_G、U_S 和 U_D，记入表 3.11。

表 3.11 静态工作点

测量值						计算值		
U_G/V	U_S/V	U_D/V	U_{DS}/V	U_{GS}/V	I_D/mA	U_{DS}/V	U_{GS}/V	I_D/mA

2. 电压放大倍数 A_u、输入电阻 R_i 和输出电阻 R_o 的测量

(1) A_u 和 R_o 的测量。

按图 3.8 所示电路实验,把 R_D 值固定在 4.3 kΩ 接入电路,在放大器的输入端加入频率为 1 kHz、峰－峰值为 200 mV 的正弦信号 u_i,并用示波器监视输出 u_o 的波形。在输出 u_o 没有失真的条件下,分别测量 $R_L=\infty$ 和 $R_L=10$ kΩ 的输出电压 u_o(注意:保持 u_i 不变),记入表 3.12。

表 3.12 电压放大倍数和输出电阻

测量值				计算值		u_i 和 u_o 波形
	U_i/V	U_o/V	A_u	$R_o/kΩ$	A_u	$R_o/kΩ$	
$R_L \to \infty$							
$R_L = 10$ kΩ							

用示波器同时观察 u_i 和 u_o 的波形,描绘出来并分析它们的相位关系。

(2) 输入电阻 R_i 的测量。

按图 3.10 所示改接实验电路,把 R_D 值固定在 4.3 kΩ 接入电路,选择合适大小的输入电压 u_s,将开关 K 掷向位置 1,测出 $R=0$ 时的输出电压 U_{o1},然后将开关掷向位置 2(接入 R),保持 u_s 不变,再测出 U_{o2},根据公式 $R_i = \dfrac{U_{o2}}{U_{o1}-U_{o2}}R$ 求出 R_i,记入表 3.13。

表 3.13 输入电阻

测量值			计算值
U_{o1}/V	U_{o2}/V	$R_i/kΩ$	$R_i/kΩ$

3.4.6 实验注意事项

(1) 场效应管在使用时,都要严格按要求的偏置接入电路中,要遵守场效应管偏置的极性。

(2) 为了防止场效应管栅极感应击穿,要求一切测试仪器、工作台、电烙铁、线路本身都必须有良好的接地。

3.4.7　实验思考题

(1) 共源极放大电路的输入电阻与场效应管栅极电阻 R_g 有什么关系？

(2) 在测量场效应管静态工作电压 U_{GS} 时，能否用直流电压表直接在 G、S 两端测量？为什么？

3.4.8　实验报告要求

(1) 列表整理实验数据，并把实测的静态工作点、电压放大倍数的值与理论值进行比较，分析产生误差的原因。

(2) 分析讨论在调试过程中出现的问题，如何解决？

3.5　实验五　负反馈放大电路

3.5.1　实验目的

(1) 通过实验了解电压串联负反馈对放大器性能的改善。

(2) 了解负反馈放大器各项技术指标的测试方法。

(3) 掌握负反馈放大电路频率特性的测量方法。

3.5.2　实验预习要求

(1) 复习教材中有关负反馈放大器的内容。

(2) 了解负反馈放大电路放大倍数的估算方法，估算图 3.11 所示实验线路的放大倍数。

(3) 了解如何使用电压法测量放大器输入电阻和输出电阻。

3.5.3　实验仪器与器件

(1) 数字万用表：1块；

(2) 交流毫伏表：1台；

(3) 双踪示波器：1台；

(4) 函数信号发生器：1台；

(5) 三极管：2个；

(6) 滑动可变电阻器：1个；

(7) 电阻：11个；

(8) 电容:5 个。

3.5.4 实验原理

图 3.11 所示为带有电压串联负反馈的两级阻容耦合放大电路。电路中通过 R_f 把输出电压 u_o 引回输入端,加在晶体管 VT_1 的发射极上,在发射极电阻 R_{F1} 上形成反馈电压 u_f。根据反馈网络从基本放大器输出端取样方式的不同,可知它属于电压串联负反馈。

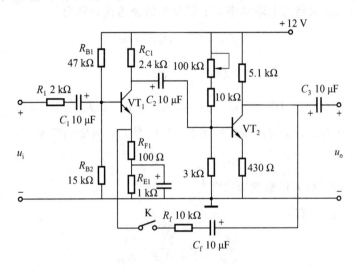

图 3.11 带有电压串联负反馈的两级阻容耦合放大器

电压串联负反馈对放大器性能的影响主要有以下几点:

(1) 负反馈使放大器的放大倍数降低,A_{uf} 的表达式为

$$A_{uf} = \frac{A_u}{1 + A_u F_u} \tag{3.25}$$

由式(3.25)中可见,加上负反馈后,A_{uf} 比 A_u 降低了 $1 + A_u F_u$ 倍,并且 $|1 + A_u F_u|$ 越大,放大倍数降低越多。深度反馈时,

$$A_{uf} \approx \frac{1}{F_u} \tag{3.26}$$

(2) 反馈系数。

$$F_u = \frac{R_{F1}}{R_f + R_{F1}} \tag{3.27}$$

(3) 负反馈改变放大器的输入电阻与输出电阻。

负反馈对放大器输入阻抗和输出阻抗的影响比较复杂。不同的反馈形式,对阻抗的影响不一样。一般并联负反馈能降低输入阻抗;而串联负反馈则提高输入阻抗;电压负反馈使输出阻抗降低;电流负反馈使输出阻抗升高。

输入电阻

$$R_{if} = (1 + A_u F_u) R_i \tag{3.28}$$

输出电阻

$$R_{of} = \frac{R_o}{1 + A_u F_u} \tag{3.29}$$

（4）负反馈扩展了放大器的通频带。

引入负反馈后，放大器的上限频率与下限频率的表达式分别为

$$f_{Hf} = (1 + A_u F_u) f_H \tag{3.30}$$

$$f_{Lf} = \frac{1}{1 + A_u F_u} f_L \tag{3.31}$$

$$BW = f_{Hf} - f_{Lf} \approx f_{Hf} \quad (f_{Hf} \gg f_{Lf}) \tag{3.32}$$

可见，引入负反馈后，f_{Hf} 向高端扩展了 $1 + A_u F_u$ 倍，f_{Lf} 向低端扩展了 $1 + A_u F_u$ 倍，使通频带加宽。

（5）负反馈提高了放大倍数的稳定性。

当反馈深度一定时，有

$$\frac{dA_{uf}}{A_{uf}} = \frac{1}{1 + A_u F_u} \frac{dA_u}{A_u} \tag{3.33}$$

可见引入负反馈后，放大器闭环放大倍数 A_{uf} 的相对变化量 $\dfrac{dA_{uf}}{A_{uf}}$ 比开环放大倍数的相对变化量 $\dfrac{dA_{uf}}{A_{uf}}$ 减少了 $1 + A_u F_u$ 倍，即闭环增益的稳定性提高了 $1 + A_u F_u$ 倍。

3.5.5　实验内容

1. 测量静态工作点

按图 3.11 所示正确连接线路，K 先断开，即反馈网络（$R_f + C_f$）先不接入。打开直流开关，使 $u_s = 0$，第一级静态工作点已固定，可以直接测量。调节 100 kΩ 电位器使第二级的 $I_{C2} = 1.0$ mA（即 $U_{E2} = 0.43$ V），用万用表分别测量第一级、第二级的静态工作点，记入表 3.14。

表 3.14　静态工作点

	U_B/V	U_E/V	U_C/V	I_C/mA
第一级				
第二级				

2. 测试基本放大器的各项性能指标

测量基本放大电路的 A_u、R_i、R_o 及 f_H 和 f_L 值，并填入表 3.15 中，测量方法参考实验三，输入信号频率为 1 kHz，u_i 的峰－峰值为 50 mV。

3. 测试负反馈放大器的各项性能指标

在接入负反馈支路 $R_f = 10$ kΩ 的情况下，测量负反馈放大器的 A_{uf}、R_{if}、R_{of} 及 f_{Hf} 和 f_{Lf} 值，并填入表 3.15 中，输入信号频率为 1 kHz，u_i 的峰－峰值为 50 mV。

表 3.15　放大器的各项性能指标

		U_s/mV	U_i/mV	U_o/V	A_u	R_i/kΩ	R_o/kΩ	f_H/kHz	f_L/Hz
基本放大器	$R_L = \infty$								
（K 断开）	$R_L = 10$ kΩ								
负反馈放大器	$R_L = \infty$								
（K 闭合）	$R_L = 10$ kΩ								

4. 观察负反馈对非线性失真的改善

先接成基本放大器（K 断开），输入 $f = 1\ 000$ Hz 的交流信号，使 u_o 出现轻度非线性失真，然后加入负反馈 $R_f = 10$ kΩ（K 闭合）并增大输入信号，使 u_o 波形达到基本放大器同样的幅度，观察波形的失真程度。

3.5.6　实验注意事项

（1）注意开关 K 在电路中的作用。

（2）导线尽量要短，避免发生干扰。

3.5.7　实验思考题

（1）如何用实验验证负反馈对放大电路失真的影响？

（2）实验中如何判断电路是否存在自激振荡？

3.5.8　实验报告要求

（1）整理实验数据，将实验值与理论值进行比较，分析误差原因。

（2）根据实验结果总结负反馈对放大电路的影响。

3.6　实验六　　射极跟随器

3.6.1　实验目的

(1) 掌握射极跟随器的特性及测量方法。

(2) 进一步学习放大器各项参数测试方法。

3.6.2　实验预习要求

(1) 复习射极跟随器的工作原理。

(2) 复习测试放大电路的静态工作点、放大倍数、输入电阻和输出电阻的方法。

3.6.3　实验仪器与器件

(1) 数字万用表:1块;

(2) 交流毫伏表:1台;

(3) 双踪示波器:1台;

(4) 函数信号发生器:1台;

(5) 三极管:1个;

(6) 滑动可变电阻器:1个;

(7) 电阻:4个;

(8) 电容:2个。

3.6.4　实验原理

图 3.12 为射极跟随器,输出取自发射极,故称其为射极跟随器。射极跟随器的特点是:

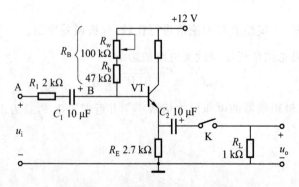

图 3.12　射极跟随器实验电路

1. 输入电阻 R_i 高

$$R_i = r_{be} + (1+\beta)R_E \tag{3.34}$$

如考虑偏置电阻 R_B 和负载电阻 R_L 的影响,则

$$R_i = R_B \ // \ [r_{be} + (1+\beta)R_E \ // \ R_L] \tag{3.35}$$

由式(3.35)可知,射极跟随器的输入电阻 R_i 比共射极单管放大器的输入电阻 $R_i = R_B \ // \ r_{be}$ 要高得多。输入电阻的测试方法同单管放大器,实验线路如图 3.12 所示,

$$R_i = \frac{U_i}{I_i} = \frac{U_i}{U_s - U_i}R_1 \tag{3.36}$$

即只要测得 A、B 两点的对地电位即可。

2. 输出电阻 R_o 低

$$R_o = \frac{r_{be}}{\beta} \ // \ R_E \approx \frac{r_{be}}{\beta} \tag{3.37}$$

如考虑信号源内阻 R_s,则

$$R_o = \frac{r_{be} + (R_s \ // \ R_B)}{\beta} \ // \ R_E \approx \frac{r_{be} + (R_s \ // \ R_B)}{\beta} \tag{3.38}$$

由式(3.38)可知射极跟随器的输出电阻 R_o 比共射极单管放大器的输出电阻 $R_o = R_C$ 低得多。三极管的 β 越高,输出电阻越小。

输出电阻 R_o 的测试方法也同单管放大器,即先测出空载输出电压 U_o,再测接入负载 R_L 后的输出电压 U_L,根据

$$U_L = \frac{U_o}{R_o + R_L}R_L \tag{3.39}$$

即可求出 R_o 为

$$R_o = \left(\frac{U_o}{U_L} - 1\right)R_L \tag{3.40}$$

3. 电压放大倍数近似等于 1

根据图 3.12 电路

$$A_u = \frac{(1+\beta)(R_E \ // \ R_L)}{r_{be} + (1+\beta)(R_E \ // \ R_L)} < 1 \tag{3.41}$$

式(3.41)说明射极跟随器的电压放大倍数小于并近似等于 1,且为正值,这是深度电压负反馈的结果。但它的射极电流仍比基极电流大 $1+\beta$ 倍,所以它具有一定的电流和功率放大作用。

3.6.5 实验内容

1.静态工作点的调整

按图 3.12 所示正确连接电路,此时开关 K 先开路。打开直流开关,在 B 点加入频率为 1 kHz、峰—峰值为 1 V 的正弦信号 u_i,输出端用示波器监视,调节 R_w 及信号源的输出幅度,使在示波器的屏幕上得到一个最大不失真输出波形,然后置 $u_i=0$,用万用表测量晶体管各电极对地电位,将测得数据记入表 3.16。

在下面整个测试过程中应保持 R_w 和 R_b 值不变(即 I_E 不变)。

表 3.16   静态工作点

U_B/V	U_E/V	U_C/V	$I_E=\dfrac{U_E}{R_E}/mA$

2.测量电压放大倍数 A_u

接入负载 $R_L=1$ kΩ,在 B 点加入频率为 1 kHz、峰—峰值为 1 V 的正弦信号 u_i,调节输入信号幅度,用示波器观察输出波形 u_o,在输出最大不失真情况下,用毫伏表测 U_i、U_o 值,记入表 3.17。

表 3.17   电压放大倍数

U_i/V	U_o/V	$A_u=\dfrac{U_o}{U_i}$

3.测量输出电阻 R_o

接上负载 $R_L=1$ kΩ,在 B 点加入频率为 1 kHz、峰—峰值为 1 V 的正弦信号 u_i,用示波器监视输出波形,用毫伏表测空载输出电压 U_o,有负载时输出电压 U_L,记入表 3.18。

表 3.18   输出电阻

U_o/V	U_L/V	$R_o=(\dfrac{U_o}{U_L}-1)R_L/k\Omega$

4.测量输入电阻 R_i

在 A 点加入频率为 1 kHz、峰—峰值为 1 V 的正弦信号 U_s,用示波器监视输出波形,用交流毫伏表分别测出 A、B 点对地的电位 U_s、U_i，记入表 3.19。

表 3.19　输入电阻

U_s/V	U_i/V	$R_i = \dfrac{U_i}{U_s - U_i} R/k\Omega$

5. 测射极跟随器的跟随特性

接入负载 $R_L = 1\ k\Omega$，在 B 点加入频率为 1 kHz、峰—峰值为 1 V 的正弦信号 u_i，并保持不变，逐渐增大信号 u_i 幅度，用示波器监视输出波形直至输出波形不失真时，测量所对应的 U_L 值，计算出 A_u，记入表 3.20。

表 3.20　射极跟随器的跟随特性

	1	2	3	4
U_i/V				
U_L/V				
A_u				

3.6.6　实验注意事项

(1) 不要带电连线，接好电路检查无误再通电。

(2) 实验中不直接测量电路电流值，通过测量两点电位差得出电压，计算电流。

(3) 静态工作点调好后，不要再动电位器，以免影响测量。

3.6.7　实验思考题

(1) 测量放大器静态工作点时，如果测得 $U_{CE} < 0.5\ V$，说明三极管处于什么工作状态？如果测得 $U_{CE} \approx U_{CC}$，三极管又处于什么工作状态？

(2) 射极跟随器和共射放大电路的区别是什么？

3.6.8　实验报告要求

(1) 列表整理测量结果，并把实测的静态工作点、电压放大倍数、输入电阻、输出电阻之值与理论计算值比较，分析产生误差的原因。

(2) 根据实验数据，分析射极跟随器的性能和特点。

3.7 实验七 差动放大电路

3.7.1 实验目的

(1) 加深理解差动放大器的工作原理、电路特点和抑制零漂的方法。

(2) 学习差动放大电路静态工作点的测试方法。

(3) 学习差动放大器的差模、共模放大倍数,共模抑制比的测量方法。

3.7.2 实验预习要求

(1) 复习教材中有关差动放大器的相关内容,理解图3.13所示差动放大器的工作原理。

(2) 怎样进行 U_o 的静态调零? 用什么仪表测量?

(3) 根据实验电路参数,估算图3.13差动放大器的静态工作点及差模电压放大倍数。

3.7.3 实验仪器与器件

(1) 数字万用表:1块;

(2) 交流毫伏表:1台;

(3) 双踪示波器:1台;

(4) 函数信号发生器:1台;

(5) 三极管:4个;

(6) 滑动可变电阻器:2个;

(7) 电阻:9个。

3.7.4 实验原理

图3.13所示电路为具有恒流源的差动放大器,其中晶体管 VT_1、VT_2 称为差分对管,它与电阻 R_{B1}、R_{B2}、R_{C1}、R_{C2} 及电位器 R_{w1} 共同组成差动放大的基本电路。其中 $R_{B1} = R_{B2}$,$R_{C1} = R_{C2}$,R_{w1} 为调零电位器,若电路完全对称,静态时,R_{w1} 的滑动片应处于中点位置,若电路不对称,应调节 R_{w1},使 u_{o1}、u_{o2} 两端静态时的电位相等。

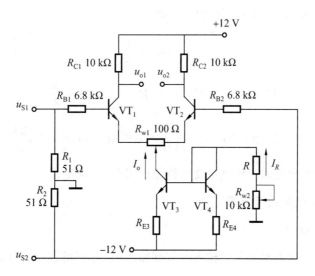

图 3.13　恒流源差动放大器

晶体管 VT_3、VT_4 与电阻 R_{E3}、R_{E4}、R 和 R_{w2} 共同组成镜像恒流源电路,为差动放大器提供恒定电流 I_o。要求 VT_3、VT_4 为差分对管。R_1 和 R_2 为均衡电阻,且 $R_1 = R_2$,给差动放大器提供对称的差模输入信号。由于电路参数完全对称,当外界温度变化,或电源电压波动时,对电路的影响是一样的,因此差动放大器能有效地抑制零点漂移。

如图 3.13 所示电路,根据输入信号和输出信号的不同方式可以有四种连接方式。

① 双端输入－双端输出。将差模信号加在 u_{S1}、u_{S2} 两端,输出取自 u_{o1}、u_{o2} 两端。

② 双端输入－单端输出。将差模信号加在 u_{S1}、u_{S2} 两端,输出取自 u_{o1} 或 u_{o2} 到地的信号。

③ 单端输入－双端输出。将差模信号加在 u_{S1} 上,u_{S2} 接地(或 u_{S1} 接地而信号加在 u_{S2} 上),输出取自 u_{o1}、u_{o2} 两端。

④ 单端输入－单端输出。将差模信号加在 u_{S1} 上,u_{S2} 接地(或 u_{S1} 接地而信号加在 u_{S2} 上),输出取自 u_{o1} 或 u_{o2} 到地的信号。

连接方式不同,电路的性能参数不同。

1. 静态工作点的计算

静态时差动放大器的输入端不加信号,由恒流源电路得

$$I_R = 2I_{B4} + I_{C4} = \frac{2I_{C4}}{\beta} + I_{C4} \approx I_{C4} = I_O \qquad (3.42)$$

I_O 为 I_R 的镜像电流。由电路可得

$$I_O = I_R = \frac{-U_{EE} + 0.7U}{(R + R_{w2}) + R_{E4}} \qquad (3.43)$$

由式(3.43)可见,I_O 主要由 $-U_{EE}(-12\ V)$ 及电阻 R、R_{w2}、R_{E4} 决定,与晶体管的特性参数

无关。差动放大器中的 VT_1、VT_2 参数对称,则

$$I_{C1} = I_{C2} = \frac{I_O}{2} \tag{3.44}$$

$$U_{C1} = U_{C2} = U_{CC} - I_{C1}R_{C1} = U_{CC} - \frac{I_O R_{C1}}{2} \tag{3.45}$$

$$h_{ie} = 300\ \Omega + (1 + h_{fe})\frac{26\ mV}{1\ mA} = 300\ \Omega + (1 + h_{fe})\frac{26\ mV}{I_O/2\ mA} \tag{3.46}$$

由此可见,差动放大器的工作点主要由镜像恒流源 I_O 决定。

2. 差动放大器的重要指标计算

(1)差模放大倍数 A_{ud}。

由分析可知,差动放大器在单端输入或双端输入时,它们的差模电压增益相同。但是,要根据双端输出和单端输出分别计算。在此分析双端输入,单端输入自己分析。

设差动放大器的两个输入端输入两个大小相等、极性相反的信号,即

$$U_{id} = U_{id1} - U_{id2}$$

① 双端输入－双端输出时,差动放大器的差模电压增益为

$$A_{ud} = \frac{U_{od}}{U_{id}} = \frac{U_{od1} - U_{od2}}{U_{id1} - U_{id2}} = A_{ui} = \frac{-h_{fe}R_L'}{R_{B1} + h_{ie} + (1 + h_{fe})\dfrac{R_{w1}}{2}} \tag{3.47}$$

式中 $R_L' = R_C \ // \ \dfrac{R_L}{2}$;

　　A_{ui} —— 单管电压增益。

② 双端输入－单端输出时,电压增益为

$$A_{ud1} = \frac{U_{od1}}{U_{id}} = \frac{U_{od1}}{2U_{id1}} = \frac{1}{2}A_{ui} = \frac{-h_{fe}R_L'}{2(R_{B1} + h_{ie} + (1 + h_{fe})\dfrac{R_{w1}}{2})} \tag{3.48}$$

式中 $R_L' = R_C \ // \ R_L$。

(2)共模放大倍数 A_{uc}。

设差动放大器的两个输入端同时加上两个大小相等、极性相同的信号,即

$$U_{ic} = U_{i1} = U_{i2}$$

单端输出的差模电压增益为

$$A_{uc1} = \frac{U_{oc1}}{U_{ic}} = \frac{U_{oc2}}{U_{ic}} = A_{uc2} = \frac{-h_{fe}R_L'}{R_{B1} + h_{ie} + (1 + h_{fe})\dfrac{R_{w1}}{2} + (1 + h_{fe})R_e'} \approx \frac{R_L'}{2R_e'} \tag{3.49}$$

式中 R_e' —— 恒流源的交流等效电阻。即

$$R'_e = \frac{1}{h_{oe3}}(1 + \frac{h_{fe3}R_{E3}}{h_{ie3} + R_{E3} + R_B}) \tag{3.50}$$

$$h_{ie3} = 300\ \Omega + (1 + h_{fe})\frac{26\ \text{mV}}{I_{E3}(\text{mA})} \tag{3.51}$$

$$R_B \approx (R + R_{w2}) /\!/ R_{E4} \tag{3.52}$$

由于 $\dfrac{1}{h_{oe3}}$ 一般为几百千欧,所以

$$R'_e \gg R'_L$$

则共模电压增益 $A_{uc} < 1$,在单端输出时,共模信号得到了抑制。

双端输出时,在电路完全对称情况下,则输出电压 $U_{oc1} = U_{oc2}$,共模增益为

$$A_{uc} = \frac{U_{oc1} - U_{oc1}}{U_{ic}} = 0 \tag{3.53}$$

式(3.53)说明,双单端输出时,对零点漂移、电源波动等干扰信号有很强的抑制能力。

(3) 共模抑制比 K_{CMR}。

差动放大器性能的优劣常用共模抑制比 K_{CMR} 来衡量,即

$$K_{CMR} = \left|\frac{A_{ud}}{A_{uc}}\right| \quad \text{或} \quad K_{CMR} = 20\lg\left|\frac{A_d}{A_C}\right|\ (\text{dB}) \tag{3.54}$$

单端输出时,共模抑制比为

$$K_{CMR} = \frac{A_{ud1}}{A_{uc}} = \frac{h_{fe}R'_e}{R_{B1} + h_{ie} + (1 + h_{fe})\dfrac{R_{w1}}{2}} \tag{3.55}$$

双端输出时,共模抑制比为

$$K_{CMR} = \left|\frac{A_{ud}}{A_{uc}}\right| = \infty \tag{3.56}$$

3.7.5　实验内容

1. 调整静态工作点

按图 3.13 所示正确连接实验电路。打开直流开关,不加输入信号,将输入端 u_{S1}、u_{S2} 两点对地短路,调节恒流源电路的 R_{w2},使 $I_O = 1.0\ \text{mA}$,即 $I_O = 2U_{RC1}/R_{C1}$。再用万用表直流挡分别测量差分对管 VT_1、VT_2 的集电极对地的电压 U_{C1}、U_{C2},如果 $U_{C1} \neq U_{C2}$,应调整 R_{w1} 使满足 $U_{C1} = U_{C2}$。若始终调节 R_{w1} 与 R_{w2} 无法满足 $U_{C1} = U_{C2}$,可适当调电路参数如 R_{C1} 或 R_{C2},使 R_{C1} 与 R_{C2} 不相等以满足电路对称,再调节 R_{w1} 与 R_{w2} 满足 $U_{C1} = U_{C2}$。然后分别测 U_{C1}、U_{C2}、U_{B1}、U_{B2}、U_{E1}、U_{E2} 的电压,记入自制表中。

2. 测量差模放大倍数 A_{vd}

将 u_{S2} 端接地,从 u_{S1} 端输入 $U_{id}=50$ mV(峰-峰值)、$f_H=1$ kHz 的差模信号,用毫伏表分别测出双端输出差模电压 $U_{od}(u_{o1}-u_{o2})$ 和单端输出电压 $U_{od1}(u_{o1})$、$U_{od2}(u_{o2})$,且用示波器观察它们的波形(U_{od} 的波形观察方法:用两个探头,分别测 U_{od1}、U_{od2} 的波形,微调挡相同,按下示波器 Y2 反相按键,在显示方式中选择叠加方式即可得到所测的差分波形)。计算出差模双端输出的放大倍数 A_{vd} 和单端输出的差模放大倍数 A_{vd1} 或 A_{vd2},记入自制的表中。

3. 测量共模放大倍数 A_{vc}

将输入端 u_{S1}、u_{S2} 两点连接在一起,R_1 与 R_2 从电路中断开,从 u_{S1} 端输入 1 V(峰-峰值)、$f=1$ kHz 的共模信号,用毫伏表分别测量 VT_1、VT_2 两管集电极对地的共模输出电压 u_{oc1} 和 u_{oc2},且用示波器观察它们的波形,则双端输出的共模电压为

$$u_{oc}=u_{oc1}-u_{oc2}$$

计算出单端输出的共模放大倍数 A_{vc1}(或 A_{vc2})和双端输出的共模放大倍数 A_{vc}。

根据以上测量结果,分别计算双端输出和单端输出共模抑制比,即 K_{CMR}(单)和 K_{CMR}(双)。

3.7.6 实验注意事项

(1)熟悉实验模板元器件的位置。

(2)不要带电连线,接好电路检查无误再通电。

3.7.7 实验思考题

(1)实验中怎样获得双端和单端输入差模信号?怎样获得共模信号?

(2)为什么要对差动放大器进行调零?调零时能否用晶体管毫伏表来测量 U_o 的值?

(3)差动放大器为什么具有高的共模抑制比?

3.7.8 实验报告要求

(1)计算静态工作点和差模电压放大倍数。

(2)整理实验数据,列表比较实验结果和理论估算值,分析误差原因。

3.8 实验八 *RC* 正弦波振荡器

3.8.1 实验目的

(1) 进一步学习 *RC* 正弦波振荡器的组成及其振荡条件。

(2) 学会测量、调试振荡器。

3.8.2 实验预习要求

(1) 复习 *RC* 正弦波振荡器的组成及其工作原理。

(2) 了解 *RC* 正弦波振荡器的振荡频率的计算方法。

(3) 了解放大倍数对 *RC* 正弦波振荡器的影响。

3.8.3 实验仪器与器件

(1) 数字万用表:1 块;

(2) 交流毫伏表:1 台;

(3) 双踪示波器:1 台;

(4) 函数信号发生器:1 台;

(5) 三极管:2 个;

(6) 滑动可变电阻器:2 个;

(7) 电阻:8 个;

(8) 电容:6 个。

3.8.4 实验原理

实验电路如图 3.14 所示,从结构上看,正弦波振荡器是没有输入信号的、带选频网络的正反馈放大器。若用 *R*、*C* 元件组成选频网络,就称为 *RC* 振荡器,一般用来产生 1 Hz ~ 1 MHz 的低频信号。图 3.14 所示为 *RC* 串并联(文氏桥)选频网络振荡器,其原理电路如图 3.15 所示。

振荡频率

$$f_0 = \frac{1}{2\pi RC} \tag{3.57}$$

起振条件

$$|\dot{A}| > 3 \tag{3.58}$$

电路特点:可方便地连续改变振荡频率,便于加负反馈稳幅,容易得到良好的振荡波形。

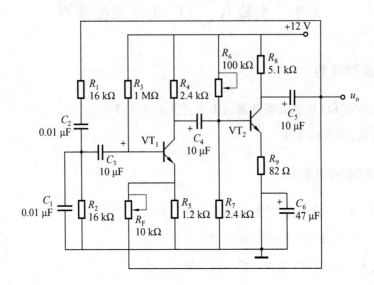

图 3.14 RC 串并联选频网络振荡器

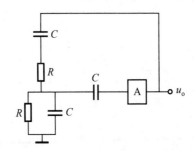

图 3.15 RC 串并联选频网络振荡器原理图

3.8.5　实验内容

1.连接线路

关闭实验箱电源,按图 3.14 所示连接线路。

2.测量放大器静态工作点及电压放大倍数

断开 RC 串并联网络,打开电源开关,测量放大器静态工作点及电压放大倍数(参考实验二内容),记录之。

3.观测输出电压 u_o 波形

接通 RC 串并联网络,打开直流开关,调节 R_F 并使电路起振,用示波器观测输出电压 u_o 波形,调节 R_F 使获得满意的正弦信号,记录波形及其参数。

4.测量振荡频率

用频率计或示波器测量振荡频率,并与计算值(995 Hz)进行比较。改变 R 或 C 值,用频率计或示波器测量振荡频率,并与计算值(用式(3.57)来计算)进行比较。

3.8.6 实验注意事项

发生波形失真,应调节 R_F,通过反馈改变放大器的放大倍数,达到稳幅的作用。

3.8.7 实验思考题

(1)在实验中,怎样判断电路是否满足了振荡条件?

(2)为什么调节 R_F 能够改变输出信号的幅度?

(3)调节图 3.14 所示实验电路中的 R_6 具有什么作用?

3.8.8 实验报告要求

(1)整理实验数据,自己设计表格记录电路各级静态工作点。

(2)计算振荡频率,振荡器的实测频率与理论值比较,分析误差原因。

(3)回答实验思考题中的问题。

3.9 实验九 集成运算放大器的应用 —— 模拟运算电路

3.9.1 实验目的

(1)研究由集成运算放大器组成的比例、加法、减法和积分等基本运算电路的功能。

(2)了解运算放大器在实际应用时应考虑的一些问题。

3.9.2 实验预习要求

(1)熟悉由集成运算放大器组成的比例、加法、减法和积分等基本运算电路的结构和原理。

(2)根据实验图求解比例、加法、减法等基本运算电路的运算表达式。

3.9.3 实验仪器与器件

(1)数字万用表:1块;

(2)交流毫伏表:1台;

(3)双踪示波器:1台;

(4)函数信号发生器:1台;

(5) 运算放大器:1个;

(6) 滑动可变电阻器:2个;

(7) 电阻:11个;

(8) 电容:2个。

3.9.4　实验原理

1.反相比例运算电路

电路如图 3.16 所示。对于理想运放,该电路的输出电压与输入电压之间的关系为

$$u_o = -\frac{R_F}{R_1}u_i \tag{3.59}$$

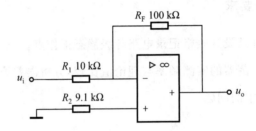

图 3.16　反相比例运算电路

为减小输入级偏置电流引起的运算误差,在同相输入端应接入平衡电阻

$$R_2 = R_1 \ /\!/ \ R_F$$

2.反相加法电路

电路如图 3.17 所示。输出电压与输入电压之间的关系为

$$u_o = -\left(\frac{R_F}{R_1}u_{i1} + \frac{R_F}{R_2}u_{i2}\right), \quad R_3 = R_1 \ /\!/ \ R_2 \ /\!/ \ R_F \tag{3.60}$$

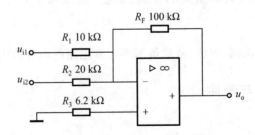

图 3.17　反相加法运算电路

3.同相比例运算电路

图 3.18(a) 所示是同相比例运算电路,它的输出电压与输入电压之间的关系为

$$u_o = (1 + \frac{R_F}{R_1})u_i, \quad R_2 = R_1 \,/\!/\, R_F \tag{3.61}$$

当 $R_1 \to \infty$ 时，$u_o = u_i$，即得到如图 3.18(b) 所示的电压跟随器。图中 $R_2 = R_F$，用以减小漂移和起保护作用。一般 R_F 取 10 kΩ，R_F 太小起不到保护作用，太大则影响跟随性。

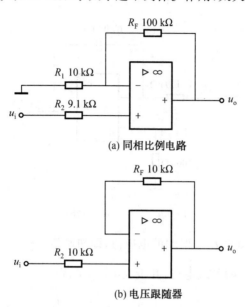

(a) 同相比例电路

(b) 电压跟随器

图 3.18　同相比例运算电路

4. 差动放大电路(减法器)

对于图 3.19 所示的减法运算电路，当 $R_1 = R_2$、$R_3 = R_F$ 时，有

$$u_o = \frac{R_F}{R_1}(u_{i2} - u_{i1}) \tag{3.62}$$

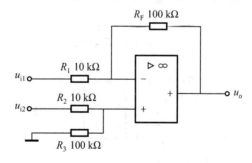

图 3.19　减法运算电路

5.积分运算电路

反相积分电路如图 3.20 所示。在理想化条件下,输出电压 u_o 为

$$u_o(t) = -\frac{1}{RC}\int_0^t u_i \mathrm{d}t + u_C(0)\qquad(3.63)$$

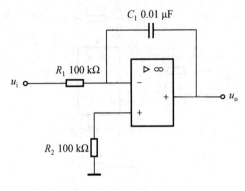

图 3.20　积分运算电路

式中　　$u_C(0)$——$t=0$ 时刻电容 C 两端的电压值,即初始值。

如果 $u_i(t)$ 是幅值为 E 的阶跃电压,并设 $u_C(0)=0$,则

$$u_o(t) = -\frac{1}{RC}\int_0^t E\mathrm{d}t = -\frac{E}{RC}t\qquad(3.64)$$

此时显然 RC 的数值越大,达到给定的 u_o 值所需的时间就越长,改变 R 或 C 的值积分波形也不同。一般方波变换为三角波,正弦波移相。

6.微分运算电路

利用微分电路可实现对波形的变换,矩形波变换为尖脉冲,电路如图 3.21 所示。

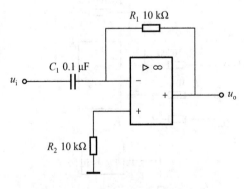

图 3.21　微分运算电路

微分电路的输出电压正比于输入电压对时间的微分,一般表达式为

$$u_o = -RC\frac{\mathrm{d}u_i}{\mathrm{d}t}\qquad(3.65)$$

7. 对数运算电路

对数电路的输出电压与输入电压的对数成正比,其一般表达式为

$$u_{\text{o}} = K \ln u_{\text{i}} \tag{3.66}$$

式中　　K——负系数。

利用集成运放和二极管组成图 3.22 所示基本对数运算电路。

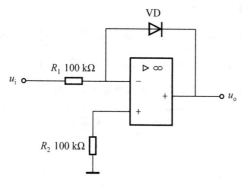

图 3.22　对数运算电路

由于对数运算精度受温度、二极管的内部载流子及内阻影响,仅在一定的电流范围内才满足指数特性,不容易调节,故本实验仅供有兴趣的同学调试。按图 3.22 所示正确连接实验电路,VD 为普通二极管,取频率为 1 kHz、峰－峰值为 500 mV 的三角波作为输入信号 u_{i},打开直流开关,输入和输出端接双踪示波器,调节三角波的幅度,观察输入和输出波形,如果波形的相位不对,适当调节输入信号频率。

8. 指数运算电路

指数电路的输出电压与输入电压的指数成正比,其一般表达式为

$$u_{\text{o}} = K e^{u_{\text{i}}} \tag{3.67}$$

利用集成运放和二极管组成图 3.23 所示基本指数运算电路,K 为负系数。

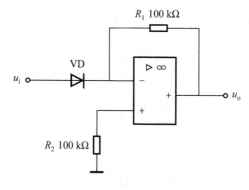

图 3.23　指数运算电路

由于指数运算精度同样受温度、二极管的内部载流子及内阻影响,本实验仅供有兴趣的同

学调试。按图 3.23 所示正确连接实验电路,VD 为普通二极管,取频率为 1 kHz、峰-峰值为 1 V 的三角波作为输入信号 u_i,打开直流开关,输入和输出接双踪示波器,调节三角波的幅度,观察输入和输出波形。

3.9.5　实验内容

1. 反相比例运算电路测试

按图 3.16 所示正确连线。输入 $f=100$ Hz,$u_i=0.5$ V(峰-峰值) 的正弦交流信号,打开直流开关,用毫伏表测量 u_i、u_o 值,并用示波器观察 u_o 和 u_i 的相位关系,记入表 3.21。

表 3.21　反相比例运算电路

u_i/V	u_o/V	u_i 波形	u_o 波形	A_u	
				实测值	计算值

2. 同相比例运算电路测试

(1) 按图 3.18(a) 所示连接实验电路。实验步骤同上,将结果记入表 3.22。

(2) 将图 3.18(a) 所示改为 3.18(b) 电路,重复内容(1)。

表 3.22　同相比例运算电路

u_i/V	u_o/V	u_i 波形	u_o 波形	A_u	
				实测值	计算值

3. 反相加法运算电路测试

(1) 按图 3.17 所示正确连接实验电路。

(2) 输入信号采用直流信号源,图 3.24 所示电路为简易可调直流信号源 U_{i1}、U_{i2}。

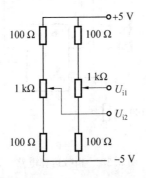

图 3.24　简易可调直流信号源

用万用表测量输入电压 U_{i1}、U_{i2}（且要求均大于零小于 0.5 V）及输出电压 U_o，记入表 3.23。

表 3.23　反相加法运算电路

U_{i1}/V					
U_{i2}/V					
U_o/V					

4.减法运算电路测试

（1）按图 3.19 所示正确连接实验电路。

（2）采用直流输入信号,实验步骤同内容 3,记入表 3.24。

表 3.24　减法运算电路

U_{i1}/V					
U_{i2}/V					
U_o/V					

5.积分运算电路测试

（1）按积分电路图 3.20 所示连接电路。

（2）取频率约为 100 Hz、峰—峰值为 2 V 的方波作为输入信号 u_i,打开直流开关,输出端接示波器,可观察到三角波波形输出并记录。

6.微分运算电路测试

（1）按微分电路图 3.21 所示正确连接。

（2）取频率约为 100 Hz、峰—峰值为 0.5 V 的方波作为输入信号 u_i,打开直流开关,输出端接示波器,可观察到尖顶波。

3.9.6　实验注意事项

（1）实验时切忌将输出端短路,否则将会损坏集成块。

（2）输入信号时先按实验所给的值调好信号源,再加入运放输入端。

（3）插、拔集成块应在断电状态下进行。

3.9.7　实验思考题

（1）在反相加法器中,如两个输入信号均采用直流信号,为什么两个输入信号不能选取太大?

(2) 若要将方波信号变换成三角波信号,可选用哪一种运算电路?

(3) 为了不损坏集成块,实验中应注意什么问题?

3.9.8　实验报告要求

(1) 列表整理测量结果,并把实测数据与理论计算值比较,分析产生误差原因。

(2) 总结集成运放在实际应用时应该注意的事项。

3.10　实验十　集成运算放大器的应用 —— 电压比较器

3.10.1　实验目的

(1) 掌握比较器的电路构成及特点。

(2) 学会测试比较器的方法。

3.10.2　实验预习要求

(1) 复习教材有关比较器的内容。

(2) 了解比较器门限的意义,画出各类比较器的传输特性曲线。

3.10.3　实验仪器与器件

(1) 数字万用表:1 块;

(2) 交流毫伏表:1 台;

(3) 双踪示波器:1 台;

(4) 函数信号发生器:1 台;

(5) 运算放大器:2 个;

(6) 稳压管:2 个;

(7) 二极管:2 个;

(8) 电阻:4 个。

3.10.4　实验原理

图 3.25 所示为一最简单的电压比较器,U_R 为参考电压,输入电压 u_i 加在反相输入端,图 3.25(b) 为图 3.25(a) 比较器的传输特性。

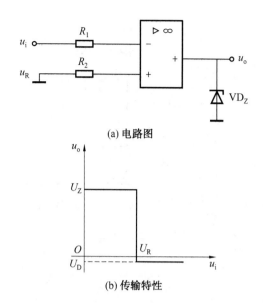

(a) 电路图

(b) 传输特性

图 3.25　电压比较器

当 $u_i < U_R$ 时,运放输出高电平,稳压管 VD_Z 反向稳压工作。输出端电位被其钳位在稳压管的稳定电压 U_Z,即

$$u_o = U_Z$$

当 $u_i > U_R$ 时,运放输出低电平,VD_Z 正向导通,输出电压等于稳压管的正向压降 U_D,即

$$u_o = -U_D$$

因此,以 U_R 为界,当输入电压 u_i 变化时,输出端反映出两种状态 —— 高电位和低电位。

常用的幅度比较器有过零比较器、具有滞回特性的过零比较器(又称 Schmitt 触发器)和双限比较器(又称窗口比较器)等。

1.过零比较器

图 3.26 所示为简单过零比较器。

2.滞回比较器

图 3.27 所示为具有滞回特性的过零比较器。过零比较器在实际工作时,如果 u_i 恰好在过零值附近,则由于零点漂移的存在,u_o 将不断由一个极限值转换到另一个极限值,这在控制系统中,对执行机构将是很不利的。为此,就需要输出特性具有滞回现象,如图 3.27 所示。

从输出端引一个电阻分压支路到同相输入端,若 u_o 改变状态,U_Σ 点也随着改变电位,使过零点离开原来位置。当 u_o 为正(记作 U_D)

$$U_\Sigma = \frac{R_2}{R_f + R_2} U_D$$

则当 $u_i > U_\Sigma$ 后,u_o 即由正变负(记作 $-U_D$),此时 U_Σ 变为 $-U_\Sigma$。故只有当 u_o 下降到 $-U_\Sigma$ 以

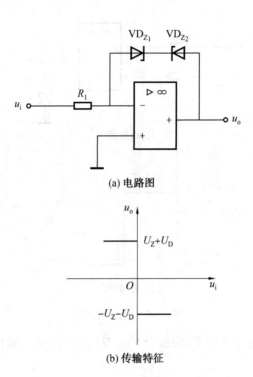

(a) 电路图

(b) 传输特征

图 3.26 过零比较器

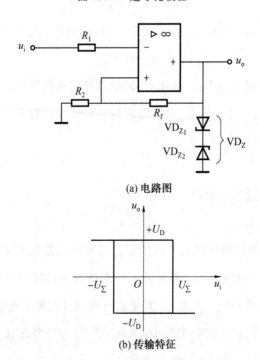

(a) 电路图

(b) 传输特征

图 3.27 具有滞回特性的过零比较器

下,才能使 u_o 再度回升到 U_D,于是出现图(b)中所示的滞回特性。$-U_\Sigma$ 与 U_Σ 的差称为回差,改变 R_2 的数值可以改变回差的大小。

3. 窗口(双限) 比较器

简单的比较器仅能鉴别输入电压 u_i 比参考电压 U_R 高或低的情况,窗口比较电路是由两个简单比较器组成,如图 3.28 所示,它能指示出 u_i 值是否处于 U_R^+ 和 U_R^- 之间。

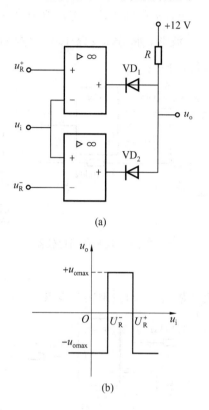

(a)

(b)

图 3.28　两个简单比较器组成的窗口比较器

3.10.5　实验内容

1. 过零电压比较器测试

如图 3.29 所示,在运放系列模块中正确连接电路,打开直流开关,用万用表测量 u_i 悬空时的 u_o 电压。从 u_i 输入 500 Hz、峰—峰值为 2 V 的正弦信号,用双踪示波器观察 u_i—u_o 波形。改变 u_i 幅值,测量传输特性曲线。

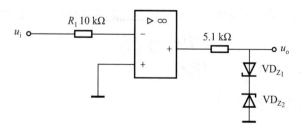

图 3.29　过零比较器

2. 反相滞回比较器测试

按图 3.30 所示正确连接电路,打开直流开关,调好一个 $-4.2 \sim +4.2$ V 可调直流信号源作为 u_i,用万用表测出 u_i 在 $-4.2 \sim +4.2$ V 时 u_o 值发生跳变时 u_i 的临界值。同上,测出 u_i 在 $-4.2 \sim +4.2$ V 时 u_o 值发生跳变时 u_i 的临界值。把 u_i 改为接 500 Hz、峰一峰值为 2 V 的正弦信号,用双踪示波器观察 $u_i - u_o$ 波形。将分压支路 100 kΩ 电阻(R_3)改为 200 kΩ(100 kΩ + 100 kΩ),重复上述实验,测定传输特性。

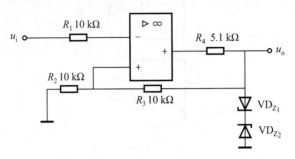

图 3.30　反相滞回比较器

3. 同相滞回比较器测试

如图 3.31 所示正确连接电路,参照 2,自拟实验步骤及方法。将结果与 2 相比较。

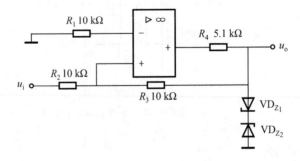

图 3.31　同相滞回比较器

4. 窗口比较器测试

参照图 3.28 自拟实验步骤和方法测定其传输特性。

3.10.6　实验注意事项

(1) 放置集成块时,应将它的半圆形缺口标志与集成块插座的半圆形缺口标志对齐。

(2) 集成块的正、负电源与地线不能接反或者接错。

(3) 插、拔集成块应在断电状态下进行。

3.10.7　实验思考题

(1) 测量比较器门限值应注意什么?

(2)为什么滞回比较器有两个门限值？如何计算？

3.10.8　实验报告要求

(1)整理实验数据,根据测试结果画出各种比较器的电压传输特性。

(2)分析总结各种比较器的结构与特点。

3.11　实验十一　功率放大器

3.11.1　实验目的

(1)进一步理解 OTL 功率放大器的工作原理。

(2)加深理解 OTL 电路静态工作点的调整方法。

(3)学会 OTL 电路调试及主要性能指标的测试方法。

3.11.2　实验预习要求

(1)复习教材中有关互补对称功率放大电路的相关内容,理解图 3.32 所示实验电路的工作原理。

(2)计算实验电路的最大输出功率 P_{om}、管耗 P_T、直流电源供给的功率 P_V 和效率 η 的理论值。

(3)了解 OTL 功率放大器交越失真产生的原因及克服交越失真的方法。

3.11.3　实验仪器与器件

(1)数字万用表:1 块;

(2)交流毫伏表:1 台;

(3)双踪示波器:1 台;

(4)函数信号发生器:1 台;

(5)三极管:3 个;

(6)二极管:1 个;

(7)滑动可变电阻器:2 个;

(8)电阻:7 个;

(9)电容:4 个。

3.11.4 实验原理

图 3.32 所示为 OTL 低频功率放大器。其中由晶体三极管 VT_1 组成推动级(也称前置放大级),VT_2、VT_3 是一对参数对称的 NPN 和 PNP 型晶体三极管,它们组成互补推挽 OTL 功放电路。由于每一个管子都接成射极输出器形式,因此具有输出电阻低、负载能力强等优点,适合于做功率输出级。VT_1 管工作于甲类状态,它的集电极电流 I_{C1} 由电位器 R_{w1} 进行调节。I_{C1} 的一部分流经电位器 R_{w2} 及二极管 VD,给 VT_2、VT_3 提供偏压。调节 R_{w2},可以使 VT_2、VT_3 得到合适的静态电流而工作于甲、乙类状态,以克服交越失真。静态时要求输出端中点 A 的电位 $U_A = \frac{1}{2}U_{CC}$,可以通过调节 R_{w1} 来实现,又由于 R_{w1} 的一端接在 A 点,因此在电路中引入交、直流电压并联负反馈,一方面能够稳定放大器的静态工作点,同时也改善了非线性失真。

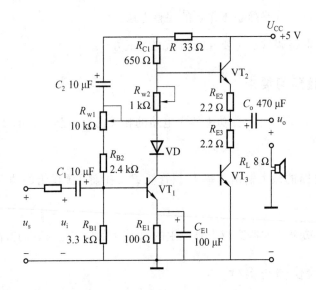

图 3.32 OTL 低频功率放大器实验电路

当输入正弦交流信号 u_i 时,经 VT_1 放大、倒相后同时作用于 VT_2、VT_3 的基极,u_i 的负半周使 VT_2 管导通(VT_3 管截止),有电流通过负载 R_L,同时向电容 C_o 充电,在 u_i 的正半周,VT_3 导通(VT_2 截止),则已充好电的电容器 C_o 起着电源的作用,通过负载 R_L 放电,这样在 R_L 上就得到完整的正弦波。

C_2 和 R 构成自举电路,用于提高输出电压正半周的幅度,以得到大的动态范围。由于信号源输出阻抗不同,输入信号源受 OTL 功率放大电路的输入阻抗影响而可能失真,R_o 作为失真时的输入匹配电阻。调节电位器 R_{w2} 时影响到静态工作点 A 点的电位,故调节静态工作点采用动态调节方法。为了得到尽可能大的输出功率,晶体管一般工作在接近临界参数的状态,如 I_{CM}、$U_{(BR)CEO}$ 和 P_{CM},这样工作时晶体管极易发热,有条件的话晶体管有时还要采用散热措施。由于三极管参数易受温度影响,在温度变化的情况下,三极管的静态工作点也随着变化,这样定量分析电路时所测数据存在一定的误差,我们用动态调节方法来调节静态工作点,受三极管对温度的敏感性影响所测电路电流是个变化量,我们尽量在变化缓慢时将读数作为定量分析的数据来减小误差。

OTL 电路的主要性能指标有 4 个:最大不失真输出功率 P_{om}、效率 η、频率响应和输入灵敏度。

1. 最大不失真输出功率 P_{om}

理想情况下

$$P_{\mathrm{om}} = \frac{1}{8}\frac{U_{\mathrm{CC}}^2}{R_{\mathrm{L}}}$$

在实验中可通过测量 R_{L} 两端的电压有效值,来求得实际的

$$P_{\mathrm{om}} = \frac{U_{\mathrm{o}}^2}{R_{\mathrm{L}}} \tag{3.68}$$

2. 效率 η

$$\eta = \frac{P_{\mathrm{om}}}{P_{\mathrm{E}}} \cdot 100\% \tag{3.69}$$

式中　　P_{E}—— 直流电源供给的平均功率。

理想情况下 $\eta_{\max} = 78.5\%$。在实验中,可测量电源供给的平均电流 I_{dc}(多测几次 I 取其平均值),从而求得

$$P_{\mathrm{E}} = U_{\mathrm{CC}} I_{\mathrm{dc}} \tag{3.70}$$

负载上的交流功率已用上述方法求出,因而可以计算实际效率。

3. 频率响应

详见实验二有关部分内容。

4. 输入灵敏度

输入灵敏度是指输出最大不失真功率时,输入信号 u_{i} 之值。

3.11.5　实验内容

1. 静态工作点的测试

按图 3.32 所示正确连接实验电路。用动态调试法调节静态工作点,先使 $R_{\mathrm{w2}} = 0$,u_{s} 接地,打开直流开关,调节电位器 R_{w1},用万用表测量 A 点电位,使

$$U_{\mathrm{A}} = \frac{1}{2} U_{\mathrm{CC}}$$

再断开 u_s 接地线,输入端接入频率为 $f=1\ \text{kHz}$、峰—峰值为 $50\ \text{mV}$ 的正弦信号作为 u_s。逐渐加大输入信号的幅值,用示波器观察输出波形,此时,输出波形有可能出现交越失真(注意:没有饱和和截止失真),缓慢增大 R_{w2},由于调节 R_{w2} 影响 A 点电位,故需调节 R_{w1},使 $U_A=\frac{1}{2}U_{CC}$(在 $u_s=0$ 的情况下测量)。从减小交越失真角度而言,应适当加大输出级静态电流 I_{C2} 及 I_{C3},但该电流过大,会使效率降低,所以通过调节 R_{w2} 一般以 $50\ \text{mA}$ 左右为宜。若观察无交越失真(注意:没有饱和和截止失真)时,停止调节 R_{w2} 和 R_{w1},恢复 $u_s=0$,测量各级静态工作点(在 I_{C2}、I_{C3} 变化缓慢的情况下测量静态工作点),记入表 3.25。

表 3.25　静态工作点的测试

	VT_1	VT_2	VT_3
U_B/V			
U_C/V			
U_E/V			

2. 最大输出功率 P_{om} 和效率 η 的测试

(1) 测量 P_{om}。

输入端接 $f=1\ \text{kHz}$、$50\ \text{mV}$ 的正弦信号 u_s,输出端接上喇叭即 R_L,用示波器观察输出电压 u_o 波形。逐渐增大 u_i,使输出电压达到最大不失真输出,用交流毫伏表测出负载 R_L 上的电压 U_{om},则用下面公式计算出 P_{om}:

$$P_{om}=\frac{U_{om}^2}{R_L}$$

(2) 测量 η。

当输出电压为最大不失真输出时,在 $u_s=0$ 情况下,用直流毫安表测量电源供给的平均电流 I_{dc}(多测几次 I 取其平均值)读出表中的电流值,此电流即为直流电源供给的平均电流 I_{dc}(有一定误差),由此可近似求得

$$P_E=U_{CC}I_{dc}$$

再根据上面测得的 P_{om},即可求出

$$\eta=\frac{P_{om}}{P_E}$$

(3) 输入灵敏度测试。

根据输入灵敏度的定义,在步骤 2 基础上,只要测出输出功率 $P_o=P_{om}$ 时(最大不失真输出情况)的输入电压值 u_i 即可。

（4）频率响应的测试。

测试方法同实验二，记入表 3.26。在测试时，为保证电路的安全，应在较低电压下进行，通常取输入信号为输入灵敏度的 50%。在整个测试过程中，应保持 u_i 为恒定值，且输出波形不得失真。

表 3.26　功率放大电路频率响应

	f_L			f_o			f_H	
f/Hz				1 000				
U_o/V								
A_u								

3.11.6　实验注意事项

（1）调节静态工作点时，调整 R_{w2}，一是要注意旋转方向，不要调得过大，更不能开路，以免损坏输出管。

（2）输出管静态电流调好，如无特殊情况，不得随意旋动 R_{w2} 的位置。

（3）先断电接线，检查线路无误后再通电实验。

3.11.7　实验思考题

（1）分析自举电路的作用。

（2）本实验中二极管 VD 有何作用？

3.11.8　实验报告要求

（1）整理实验数据。

（2）分析最大不失真输出功率 P_{om}、效率 η 值，与理论值进行比较，分析误差原因。

（3）讨论实验中发生的问题及解决办法。

3.12　实验十二　直流稳压电源

3.12.1　实验目的

（1）研究单相桥式整流、电容滤波电路的特性。

（2）掌握稳压管、串联晶体管稳压电源主要技术指标的测试方法。

3.12.2 实验预习要求

(1)熟悉单相桥式整流、电容滤波电路的工作原理。

(2)了解稳压管、串联晶体管稳压电源主要技术指标的计算方法。

3.12.3 实验仪器与器件

(1)数字万用表:1块;

(2)交流毫伏表:1台;

(3)双踪示波器:1台;

(4)函数信号发生器:1台;

(5)三极管:3个;

(6)整流二极管 1N4007×4;

(7)稳压二极管 2CW54×1;

(8)滑动可变电阻器:1个;

(9)电阻:7个;

(10)电容:3个。

3.12.4 实验原理

1.稳压管稳压电路

稳压管稳压电路如图 3.33 所示。其整流部分为单相桥式整流、电容滤波电路,稳压部分分两种情况分析:

(1)若电网电压波动,使 U_i 上升时,则

$$U_i \uparrow \rightarrow U_o \uparrow \rightarrow I_Z \uparrow \quad \rightarrow I_R \uparrow \rightarrow U_R \uparrow$$
$$U_o \downarrow$$

(2)若负载改变,使 I_L 增大时,则

$$I_L \uparrow \rightarrow I_R \uparrow \rightarrow U_o \downarrow \rightarrow I_Z \downarrow \quad \rightarrow I_R \downarrow \rightarrow U_R \downarrow$$
$$U_o \uparrow$$

从上可知稳压电路必须还要串接限流电阻 $R(82\ \Omega+430\ \Omega+120\ \Omega/2\ W)$,根据稳压管的伏安特性,为防止外接负载 R_L 时短路则串上 $100\ \Omega/2\ W$ 电阻,以保护电位器,实现稳压。

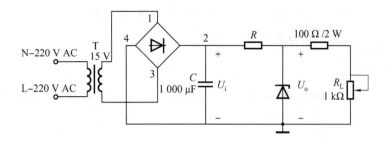

图 3.33 稳压管稳压电路

2. 稳压电源的主要性能指标

串联型稳压电源实验电路如图 3.34 所示。

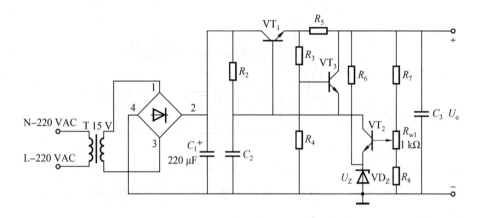

图 3.34 串联型稳压电源实验电路

(1) 输出电压 U_o 和输出电压调节范围。

$$U_o = \frac{R_7 + R_{w1} + R_8}{R_8 + R'_{w1}}(U_Z + U_{BE2}) \tag{3.71}$$

调节 R_{w1} 可以改变输出电压 U_o。

(2) 最大负载电流 I_{cm}。

(3) 输出电阻 R_o。

输出电阻 R_o 定义为：当输入电压 U_i（稳压电路输入）保持不变，由于负载变化而引起的输出电压变化量与输出电流变化量之比，即

$$R_o = \frac{\Delta U_o}{\Delta I_o}\bigg|U_i = 常数 \tag{3.72}$$

(4) 稳压系数 S（电压调整率）。

稳压系数定义为：当负载保持不变，输出电压相对变化量与输入电压相对变化量之比，即

$$S = \frac{\Delta U_o / U_o}{\Delta U_i / U_i}\bigg|R_L = 常数 \tag{3.73}$$

由于工程上常把电网电压波动 $\pm 10\%$ 作为极限条件,因此也有将此时输出电压的相对变化 $\Delta U_o/U_o$ 作为衡量指标,称为电压调整率。

（5）纹波电压。

输出纹波电压是指在额定负载条件下,输出电压中所含交流分量的有效值（或峰 — 峰值）。

3.12.5 实验内容

1. 整流滤波电路测试

按图 3.35 所示连接实验电路。

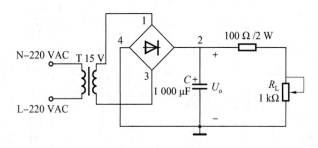

图 3.35 整流滤波电路

（1）取 $R_L = 240\ \Omega$,不加滤波电容,打开变压器开关,用万用表测量直流输出电压 U_o 及纹波电压 $\widetilde{U}_o$,并用示波器观察 15 V 交流电压和 U_o 波形,记入表 3.27。

（2）取 $R_L = 240\ \Omega$,$C = 1\ 000\ \mu F$,重复内容（1）的要求,记入表 3.27。

（3）取 $R_L = 120\ \Omega$,$C = 1\ 000\ \mu F$,重复内容（1）的要求,记入表 3.27。

表 3.27　整流滤波电路指标

	绘出电路图	U_o/V	$\widetilde{U}_o/V$	U_o 波形
$R_L = 240\ \Omega$				
$R_L = 240\ \Omega$ $C = 1\ 000\ \mu F$				

续表 3.27

	绘出电路图	U_o/V	$\tilde{U}_o/V$	U_o 波形
$R_L = 120\ \Omega$ $C = 1\ 000\ \mu F$				

2.稳压管稳压电源性能测试

（1）按图 3.33 正确连接实验电路,U_o 在开路时,打开变压器开关,用万用表测出稳压源稳压值。

（2）接负载时,调节 R_L,用万用表测出在稳压情况下的最小负载。

（3）断开变压器开关,把 15 V 交流输入换为 7.5 V 输入,重复（1）、（2）内容。

注意　限流电阻 R 值为 $82\ \Omega + 430\ \Omega + 120\ \Omega/2\ W$,注意大于 7 V 的稳压管具有正温度系数,即在稳压电路长时间工作时随稳压管温度升高稳压值上升。

3.串联型稳压电源性能测试

对照实验电路图 3.34 完成实验电路图的连接。

（1）开路初测。

稳压器输出端负载开路,接通 15 V 变压器输出电源,打开变压器开关,用万用表电压挡测量整流电路输入电压 U_2（即二极管组成的整流电路中 1 和 3 两端的电压,仅此处用交流挡测,所测为有效值）,滤波电路输出电压 U_i（即虚线左端二极管组成的整流电路中 2 和 4 两端的电压）及输出电压 U_o。调节电位器 R_{w1},观察 U_o 的大小和变化情况,如果 U_o 能跟随 R_{w1} 线性变化,这说明稳压电路各反馈环路工作基本正常。否则,说明稳压电路有故障,因为稳压器是一个深负反馈的闭环系统,只要环路中任一个环节出现故障（某管截止或饱和）,稳压器就会失去自动调节作用。此时可分别检查基准电压 U_z,输入电压 U_i,输出电压 U_o 以及比较放大器和调整管各电极的电位（主要是 U_{BE} 和 U_{CE}）,分析它们的工作状态是否都处在线性区,从而找出不能正常工作的原因。排除故障以后就可以进行下一步测试。同样,断开电源,测试 7.5 V 整流输入电压时的可调范围。

（2）带负载测量稳压范围。

带负载为 $100\ \Omega/2\ W$ 和串联 $1\ k\Omega$ 电位器 R_{w2},接通 15 V 变压器输出电源,打开变压器开关,调节 R_{w2} 使输出电流 $I_o = 2.5\ mA$。再调节电位器 R_{w1},测量输出电压可调范围 $U_{omin} \sim U_{omax}$。

（3）测量各级静态工作点。

在（2）测量稳压范围基础上调节输出电压 $U_o = 9$ V，输出电流 $I_o = 25$ mA，测量各级静态工作点，记入表 3.28。

表 3.28　稳压管稳压电源各级静态工作点

	VT_1	VT_2	VT_3
U_B/V			
U_C/V			
U_E/V			

4. 测量稳压系数 S

取 $I_o = 25$ mA，按表 3.28 改变整流电路输入电压 U_2（模拟电网电压波动），分别测出相应的稳压器输入电压 U_i 及输出直流电压 U_o，记入表 3.29。

表 3.29　稳压管稳压电源稳压系数

测试值			计算值
U_2/V	U_i/V	U_o/V	S
7.5			$S =$
15		9	

5. 测量输出电阻 R_o

取 $U_2 = 15$ V，改变 R_{w2}，使 I_o 为空载、25 mA 和 50 mA，测量相应的 U_o 值，记入表 3.30。

表 3.30　稳压管稳压电源输出电阻

测量值		计算值
I_o/mA	U_o/V	R_o/Ω
空载		$R_{o12} =$
25	9	
50		$R_{o23} =$

6. 测量输出纹波电压

纹波电压用示波器测量其峰—峰值 U_{opp}，或者用毫伏表直接测量其有效值，由于不是正弦波，有一定的误差。取 $U_2 = 15$ V，$U_o = 9$ V，$I_o = 25$ mA，测量输出纹波电压 $\tilde{U}_o$，记录之。

3.12.6　实验注意事项

（1）先断电后接线，检查电路无误后再通电实验。

（2）每次改接电路时，必须切断变压器电源。

3.12.7　实验思考题

（1）在桥式整流电路中，如果某个二极管发生开路、短路或反接三种情况，将会出现什么问题？

（2）当稳压电源输出不正常，或输出电压 U_o 不随取样电位器 R_w 而变化时，应如何进行检查找出故障所在？

3.12.8　实验报告要求

（1）整理实验数据，分析实验结果，画出各种电路实验波形。

（2）根据表 3.28 和表 3.29 所测数据，计算稳压电路的稳压系数 S、输出电阻 R_o，并进行分析。

第4章　模拟电子技术设计型实验

4.1　实验一　静态工作点稳定电路的设计

4.1.1　实验目的

(1) 掌握单级阻容耦合晶体管放大电路的设计方法。

(2) 掌握晶体管放大电路静态工作点的设置与调整方法。

(3) 熟悉测量放大电路的方法,了解共射极电路的特性及放大电路动态性能对电路的影响。

(4) 学习放大电路的安装与调试技术。

4.1.2　实验预习要求

(1) 根据设计任务和已知条件,确定电路方案。

(2) 按设计任务与要求设计电路图。

(3) 对设计电路中的有关元器件进行参数计算和选择。

4.1.3　实验仪器与器件

(1) 直流稳压电源:1台;

(2) 函数信号发生器:1台;

(3) 双踪示波器:1台;

(4) 交流毫伏表:1台;

(5) 直流电压表:1块;

(6) 直流毫安表:1块;

(7) 数字万用表:1块;

(8) 晶体管:1 个;

(9) 电阻器:若干;

(10) 电容器:若干;

(11) 电烙铁等:1 把。

4.1.4　设计要求与指标

(1) 设计任务。

设计一个能够稳定静态工作点的单级阻容耦合晶体管放大电路。已知以下条件:

① 电压放大倍数:$A_u \geqslant 30$。

② 工作频率范围:20 Hz ∼ 200 kHz。

③ 电源电压:$U_{CC} = +12$ V。

④ 负载电阻:$R_L = 2$ kΩ。

⑤ 输入信号:$U_i = 10$ mV(有效值)。

(2) 设计要求。

① 根据设计任务和已知条件,确定电路方案,计算并选取电路各元件参数。

② 静态工作点设置合理,电路不失真。

③ 电压增益 A_u 等主要性能指标满足设计要求。

④ 电路稳定,无故障。

4.1.5　实验原理

1.设计原理与参考电路

放大电路的核心元件是有源元件,即晶体管或场效应管。正确的直流电源电压数值、极性与其他电路参数应保证晶体管工作在放大区、场效应管工作在恒流区,即建立起合适的静态工作点,保证电路不失真。输入信号应能够有效地作用于有源元件的输入回路,即晶体管的 b − e 回路,场效应管的 g − s 回路;输出信号能够作用于负载之上。设计电路可参考图 4.1。

2.晶体管放大电路的设计方法

(1) 选择电路形式。

单管放大电路有三种可能的接法:共射极、共基极、共集极。根据稳定性、经济性的要求,最常用的静态工作点稳定电路是共射极的分压式偏置电路。

(2) 选择反馈方式。

采用什么反馈方式,主要根据负载的要求及信号内阻的情况来考虑。如果输入电阻较小,

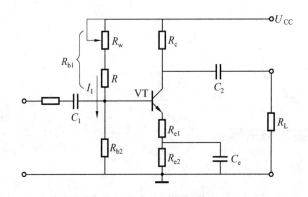

图 4.1　单级阻容耦合晶体管放大电路

可采用串联反馈方式,以增加输入电阻。对于单管放大电路常采用电流反馈,这样电路比较简单。

（3）选择静态工作点。

晶体管正常工作状态的确定,应综合几个因素加以考虑。首先,晶体管应工作在放大区;其次 Q 点应选在小电流、低电压处,可节省电源耗电;也要注意 I_C 和 U_{CE} 不宜太小,以免失真。各级静态工作点一般选择在下列范围: $I_C = (1 \sim 3)\,\text{mA}, U_{CE} = (2 \sim 5)\,\text{V}$。

（4）元件参数的选择。

一般工程设计时,硅管取 $I_1 = (5 \sim 10)I_B, U_B = (3 \sim 5)\text{V}$;锗管取 $I_1 = (10 \sim 20)I_B, U_B = (1 \sim 3)\text{V}; I_C = (1 \sim 3)\,\text{mA}$。

① 确定电阻 R_e。

电阻 R_e 可以选取为

$$R_e = \frac{U_E}{I_C} = \frac{U_B - U_{BE}}{I_C} \tag{4.1}$$

② 确定偏置电阻 R_{b1}、R_{b2}。

电阻 R_{b1}、R_{b2} 可由下面关系式得到:

$$R_{b2} = \frac{U_B}{I_1} \tag{4.2}$$

$$R_{b1} = \frac{U_{CC}}{I_1} - R_{b2} \tag{4.3}$$

③ 选择集电极电阻 R_c。

选择集电极电阻 R_c 应考虑两方面的问题,一是要满足 A_u 的要求,即

$$\frac{\beta R_L'}{r_{be}} > |A_u| \tag{4.4}$$

式中　　$r_{\mathrm{be}} = r_{\mathrm{bb}}' + (1+\beta)\dfrac{26\ \mathrm{mA}}{I_{\mathrm{E}}}$；

　　　　$R_{\mathrm{L}}' = R_{\mathrm{L}} \ /\!/ \ R_{\mathrm{C}}(R_{\mathrm{L}}\ \text{已知})$。

二是要避免产生非线性失真。为此，首先要满足条件：

$$U_{\mathrm{CE}} > U_{\mathrm{omax}} + U_{\mathrm{CES}} \tag{4.5}$$

式中　　$U_{\mathrm{omax}} = A_u \cdot \sqrt{2}U_{\mathrm{i}}$；

　　　　U_{CES} 的饱和压降一般可取 1 V。

先确定 U_{CE}，再由电路求出 R_{c} 为

$$R_{\mathrm{c}} = \frac{U_{\mathrm{CC}} - U_{\mathrm{CE}} - U_{\mathrm{E}}}{I_{\mathrm{C}}} \tag{4.6}$$

④ 耦合电容 C_1、C_2 和射极旁路电容 C_{e} 的选择。

耦合电容 C_1、C_2 和射极旁路电容 C_{e} 决定放大电路的下限频率 f_{L}，如果放大器的下限频率 f_{L} 已知，可按下列表达式估算耦合电容 C_1、C_2 和 C_{e}，

$$C_1 \geqslant \frac{(3 \sim 10)}{2\pi f_{\mathrm{L}}(R_{\mathrm{S}} + r_{\mathrm{be}})} \tag{4.7}$$

$$C_2 \geqslant \frac{(3 \sim 10)}{2\pi f_{\mathrm{L}}(R_{\mathrm{C}} + R_{\mathrm{L}})} \tag{4.8}$$

$$C_{\mathrm{e}} \geqslant \frac{(1 \sim 3)}{2\pi f_{\mathrm{L}}\{R_{\mathrm{e}}\ /\!/\ [(R_{\mathrm{S}} + r_{\mathrm{be}})/(1+\beta)]\}} \tag{4.9}$$

R_{S} 为信号源内阻，电容 C_1、C_2 和 C_{e} 均为电解电容，一般 C_1、C_2 选用 $4.7 \sim 10\ \mu\mathrm{F}$，$C_{\mathrm{e}}$ 选用 $33 \sim 200\ \mu\mathrm{F}$。

4.1.6　实验内容

（1）按设计任务与要求设计具体电路。

（2）根据已知条件及性能指标要求，确定元器件（晶体管可以选择硅管或锗管）型号，设置静态工作点，计算电路元件参数（以上两步要求在实验前完成）。

（3）在实验板上安装电路。检查实验电路接线无误之后接通电源。

（4）测量直流工作点。测试并记录 U_{BEQ}、I_{CQ} 和 U_{CEQ} 的值，将实测值与理论计算值进行比较分析。

（5）调整元件参数，使其满足设计要求，将修改后的元件参数值标在设计的电路图上。

（6）测量放大电路的电压放大倍数。

接入 $f = 1\ \mathrm{kHz}$，$U_{\mathrm{i}} = 10\ \mathrm{mV}$（有效值）的输入信号，用示波器观察输入电压波形和负载电

阻上的输出电压波形,在波形不发生失真的条件下,用毫伏表测出电压的有效值 U_o,计算出电压放大倍数。

(7)观察负载电阻对放大倍数的影响。

将负载电阻更换,重新测量放大电路的电压放大倍数,记录数据(自拟表格)。

(8)测量最大不失真输出电压幅值。

调节信号发生器,逐渐增大输入信号,同时观察输出电压波形变化,然后测出波形无明显失真的最大允许输入电压和输出电压的有效值,最后计算出最大输出电压幅值。

4.1.7　实验注意事项

(1)根据实验要求选取器件参数值,工作点设置要合理。

(2)间接测量电路电流,测量电压时将万用表与被测元件并联。

(3)换接线路时,要先关闭电源。

4.1.8　实验思考题

(1)放大电路在小信号下工作时,电压放大倍数决定于哪些因素? 为什么加上负载后放大倍数会变化,与什么有关?

(2)为什么必须设置合适的静态工作点?

(3)如何调整交流放大电路的静态工作点? 它在哪一点为好(即应是多大才合适)?

(4)尽管静态工作点合适,但输入信号过大,放大电路将产生何种失真?

(5)电路中电容的作用是什么? 电容的极性应怎样正确连接?

4.1.9　实验报告要求

(1)写出设计原理、设计步骤及计算公式,画出电路图,并标注元件参数值。

(2)整理实验数据,计算实验结果,画出波形。

(3)进行误差分析。

(4)总结提高电压放大倍数采取的措施。

(5)分析输出波形失真的原因及性质,并提出消除失真的方法。

4.2　实验二　模拟运算电路设计

4.2.1　实验目的

(1)掌握反相比例运算、同相比例运算、加法和减法运算电路的原理、设计方法及测量方法。

(2)能正确分析运算精度与运算电路中各元件参数之间的关系,能正确理解"虚断"、"虚短"的概念。

4.2.2　实验预习要求

(1)预习集成运算放大器基本运算电路的工作原理。

(2)根据实验内容,自拟实验方法和调试步骤。

4.2.3　实验仪器与器件

(1)信号发生器:1 台;

(2)双踪示波器:1 台;

(3)交流毫伏表:1 块;

(4)数字万用表:1 块;

(5)集成运算放大器(根据设计需要自选型号):1 个;

(6)电阻器:若干;

(7)电烙铁等电路装配工具。

4.2.4　设计要求与指标

(1)确定电路方案,计算并选取电路的元件参数。

(2)电路稳定,无自激振荡。

(3)技术要求:输出失调电压 $U_o \leqslant \pm 5 \text{ mV}$。

4.2.5　实验原理

1.设计原理

在应用集成运算放大器时,必须注意以下问题:集成运算放大器是由多级放大电路组成的,将其闭环构成深度负反馈时,可能会在某些频率上产生附加相移,造成电路工作不稳定,其至产生自激振荡,使运算放大器无法正常工作。所以必须在相应运算放大器规定的引脚端接上相位补偿网络。

在需要放大含直流分量信号的应用场合,为了补偿运算放大器本身失调的影响,保证在集成运算放大器闭环工作后,输入为零时输出为零,必须考虑调零问题。为了消除输入偏置电流的影响,通常让集成运算放大器两个输入端对地直流电阻相等,以确保其处于平衡对称的工作状态。

2. 参考电路

(1) 反相比例运算电路。

电路如图 4.2 所示。信号由反相端输入,输出与相位相反。输出电压经反馈到反相输入端,构成电压并联负反馈电路。在设计电路时,为保证电路正常工作,应满足 $U_o < U_{omax}$,另外应选择 $R_b = R_1 /\!/ R_f$,其中 R_1 为闭环输入电阻,R_b 为输入平衡电阻,由"虚短"、"虚断"原理可知,该电路的闭环电压放大倍数为

$$A_{uF} = -\frac{R_f}{R_1}$$

输入电阻为

$$R_{if} = R_1$$

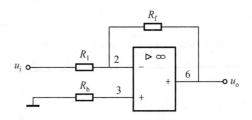

图 4.2   反相比例运算电路

(2) 同相比例运算电路。

电路如图 4.3 所示。它属电压串联负反馈电路,其输入阻抗高,输出阻抗低,具有放大及阻抗变换作用,通常用于隔离或缓冲级。其闭环电压放大倍数为

$$A_{uF} = 1 + \frac{R_f}{R_1} \tag{4.10}$$

当 $R_f = 0$(或 $R_1 = \infty$)时,$A_{uF} = 1$,即输出电压与输入电压大小相等、相位相同,这种电路称为电压跟随器。它具有很大的输入电阻和很小的输出电阻,其作用与晶体管射极跟随器相似。

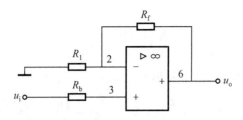

图 4.3   同相比例运算电路

同相输入比例电路必须考虑共模信号问题。对于实际运算放大器来说,加于两个输入端上的共模电压接近于信号电压 U_i,差模放大倍数 A_{uD} 不是无穷大,共模放大倍数 A_{uC} 也不是零,共模抑制比 K_{CMR} 为有限值,那么共模输入信号将产生一个输出电压,这必然引起运算误差。另外,同相输入必然在集成运算放大器输入端引入共模电压,而集成运算放大器的共模输入电压范围是有限的,所以同相输入时运算放大器输入电压的幅度受到限制。

（3）加法运算电路。

加法运算电路根据输入信号是从反相端输入还是从同相端输入,分为反相加法电路与同相加法电路两种,分别如图 4.4 和图 4.5 所示。

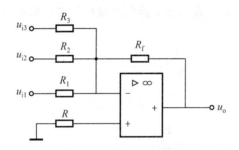

图 4.4   反相加法运算电路

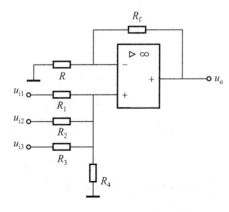

图 4.5   同相加法运算电路

图 4.4 中 $R=R_1 /\!/ R_2 /\!/ R_3 /\!/ R_f$,在理想条件下,图 4.4 所示反相加法电路的输入电压与

输出电压的关系为

$$U_o = -\left(\frac{R_f}{R_1}U_{i1} + \frac{R_f}{R_2}U_{i2} + \frac{R_f}{R_3}U_{i3}\right) = -(A_{uF1}U_{i1} + A_{uF2}U_{i2} + A_{uF3}U_{i3}) \tag{4.11}$$

同理,在理想条件下,图 4.5 所示同相加法电路的输入电压与输出电压的关系为

$$U_o = \left(1 + \frac{R_f}{R}\right) \cdot R_P \cdot \left(\frac{U_{i1}}{R_1} + \frac{U_{i2}}{R_2} + \frac{U_{i3}}{R_3}\right) \tag{4.12}$$

式中 $R_P = R_1 \parallel R_2 \parallel R_3 \parallel R_4$。

因此要满足一定比例系数时,电阻的选配比较困难,调节不大方便。一般都用反相加法运算电路进行设计。

(4) 减法运算电路。

电路如图 4.6 所示,当 $R_1 = R_2$,$R_3 = R_f$ 时,该电路实际上是一个差动放大电路,可根据叠加原理得

$$U_o = \frac{R_f}{R_1}(U_{i2} - U_{i1}) \tag{4.13}$$

上式是在满足 $R_1 = R_2$,$R_3 = R_f$ 的条件下得到的,所以实验中必须严格地选配电阻 R_1、R_2、R_3、R_f 的值。而 $\dfrac{U_o}{U_{i2} - U_{i1}}$ 表示的是这个电路的差模电压放大倍数,即

$$A_{uD} = \frac{U_o}{U_{i2} - U_{i1}} = \frac{R_f}{R_1} \tag{4.14}$$

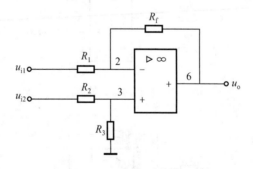

图 4.6   减法运算电路

当输入共模信号时,有 $U_{i1} = U_{i2}$,所以这个电路的共模电压放大倍数为 0。利用虚短的概念,可以得到这个差动放大器的输入电阻。另外,在实际电路中,要提高电路运算精度,必须选用高 K_{CMR} 的运算放大器。

设计过程中的元件参数的选择,可利用上述公式确定。

4.2.6　实验内容

（1）根据已知条件和设计要求，选定设计电路方案。

（2）画出设计原理图，并计算已选定各元器件参数。

（3）在实验电路板上安装所设计的电路，检查实验电路接线无误之后接通电源。

（4）调整元件参数，使其满足设计计算值要求，并将修改后的元件参数值标在设计的电路图上。

（5）按表 4.1 所示的输入数据测量输出电压值，并与理论值比较。

表 4.1　输出电压测量

输入信号 U_{i1}/V	−0.5	−0.3	0	0.3	0.5	0.7	1	1.2
输入信号 U_{i2}/V	−0.2	0	0.3	0.2	0.3	0.4	0.5	0.6
输入信号 U_{i3}/V	1.2	−0.2	0.5	0	0.1	0	0.2	0.3
实际测量 U_o/V								
理论计算 U_o/V								

4.2.7　实验注意事项

（1）连接电路时，注意电源极性，防止烧坏运放。

（2）输入信号幅值要选取适当，确保运放工作在线性区。

4.2.8　实验思考题

（1）理想运算放大器具有哪些特点？

（2）运算放大器用作模拟运算电路时，"虚短"、"虚断"能永远满足吗？试问：在什么条件下"虚短"、"虚断"将不再存在？

4.2.9　实验报告要求

（1）画出设计方案的原理图。

（2）计算主要元器件参数。

（3）元器件选择。

（4）记录、整理实验数据，画出输入与输出电压的波形，分析结果。

(5) 定性分析产生运算误差的原因。

(6) 回答思考题。

(7) 写出心得体会。

4.3 实验三 负反馈放大电路的设计

4.3.1 实验目的

(1) 学习多级放大电路的设计方法。

(2) 掌握多级放大电路的安装、调试与测量。

(3) 研究负反馈对放大电路性能的影响。

4.3.2 预习要求

(1) 复习教材中有关负反馈放大电路的工作原理,理解负反馈放大电路的基本特点。

(2) 掌握负反馈放大电路的主要性能指标及基本分析方法。

(3) 根据设计任务,估算电路闭环时的性能指标,拟订实验方案,准备所需的实验记录表格。

4.3.3 实验仪器与器件

(1) 双踪示波器:1 台;

(2) 函数信号发生器:1 台;

(3) 数字万用表:1 块;

(4) 集成运算放大器:1 个;

(5) 电阻:若干。

4.3.4 设计要求与指标

设计一个由运算放大器构成的两级负反馈放大电路。具体要求如下:

(1) 闭环时中频电压放大倍数: $A_{uF} = 100$。

(2) 输入电阻: $R_i = 20 \text{ k}\Omega$。

(3) 负载电阻: $R_L = 2 \text{ k}\Omega$。

(4) 能稳定输出电压。

(5) 输入、输出相位相同。

（6）最大不失真输出电压：$U_{omax} = 5$ V。

4.3.5　实验原理

负反馈放大电路有四种基本组态：电压串联负反馈、电压并联负反馈、电流串联负反馈和电流并联负反馈。电路中引入直流负反馈可稳定放大电路的静态工作点，交流负反馈可改善放大电路的动态性能指标。电压负反馈可稳定输出电压，减小输出电阻；电流负反馈可稳定输出电流，增大输出电阻；串联负反馈增大输入电阻；并联负反馈减小输入电阻。

负反馈放大电路的一般表达式为

$$\dot{A}_f = \frac{\dot{F}}{1 + \dot{A}} \tag{4.15}$$

当满足 $|1 + \dot{A}\dot{F}| \gg 1$ 时，表明电路引入了深度负反馈，这时，放大倍数几乎仅决定于反馈网络，而与基本放大电路无关。即

$$\dot{A}_f \approx \frac{1}{\dot{F}} \tag{4.16}$$

图 4.7 为负反馈放大电路的四种组态。满足深度负反馈条件下，图 4.7(a) 的电压放大倍数为

$$A_f = -\frac{R_f}{R_1}$$

图 4.7(b) 的电压放大倍数为

$$A_f = 1 + \frac{R_f}{R_1}$$

图 4.7(c) 的电压放大倍数为

$$A_f = -\frac{R_L(R_2 + R_f)}{R_1 R_2}$$

图 4.7(d) 的电压放大倍数为

$$A_f = \frac{R_L}{R_1}$$

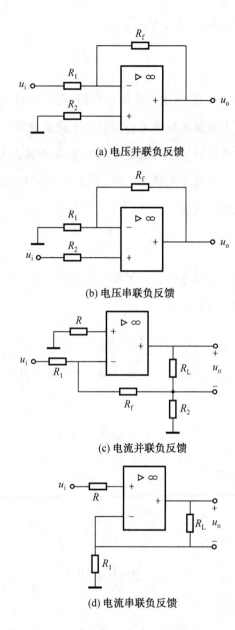

(a) 电压并联负反馈

(b) 电压串联负反馈

(c) 电流并联负反馈

(d) 电流串联负反馈

图 4.7 负反馈放大电路的四种组态

4.3.6 实验内容

(1)确定负反馈放大电路的级数。

(2)选择合适的反馈形式。

(3)根据设计要求选择集成运算放大器,计算所用的电阻值。

(4)根据设计要求选择合适的直流电源。

(5)用信号发生器输入 1 500 Hz、幅值 10 mV 的正弦波信号,用示波器观测输入、输出信号波形。

(6) 测量中频电压放大倍数、输入电阻。

(7) 增大输入信号幅值,直至输出波形出现失真,记录最大不失真输出电压。

4.3.7 实验注意事项

(1) 集成运放的电源极性不能接反,否则运放会被损坏。

(2) 注意有的运放需要调零,才能减少测量误差。

4.3.8 实验思考题

(1) 如何确定放大电路的级数?

(2) 如何选择集成运算放大器?

(3) 为什么要单独对两级放大电路进行调试?

4.3.9 实验报告要求

(1) 画出电路原理图,标出各电阻参数值。

(2) 自拟表格,记录测试的电压放大倍数和输入电阻。

(3) 画出观测到的输入、输出信号波形。

4.4 实验四 频率和幅值可调的 RC 正弦波振荡电路

4.4.1 实验目的

(1) 掌握 RC 振荡电路的设计方法。

(2) 学会振荡频率的计算。

4.4.2 实验预习要求

(1) 复习教材中有关 RC 正弦波振荡器的工作原理。

(2) 了解 RC 正弦波振荡器的振荡频率的计算方法。

4.4.3 实验仪器与器件

(1) 双踪示波器:1 台;

(2) 数字万用表:1 块;

(3) 集成运算放大器:1个;

(4) 电阻、电容若干。

4.4.4　设计要求与指标

(1) 设计振荡频率为 500 Hz 的正弦波发生器,振幅稳定,波形对称,无明显线性失真。

(2) 设计振荡频率为 500 Hz ∼ 1 kHz 可调的正弦波发生器,参照前述方法。

4.4.5　实验原理

从结构上看,正弦波振荡器是没有输入信号的、带选频网络的正反馈放大器。若用 R、C 元件组成选频网络,则称为 RC 振荡器,一般用来产生 1 Hz ∼ 1 MHz 的低频信号。

1.RC 移相振荡器

电路形式如图 4.8 所示,选择 $R \gg R_i$。

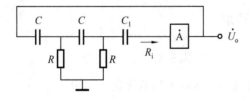

图 4.8　RC 移相振荡器原理图

(1) 振荡频率

$$f_0 = \frac{1}{2\pi\sqrt{6}\,RC}$$

(2) 起振条件。

放大器 A 的电压放大倍数

$$| \dot{A} | > 29$$

(3) 电路特点。

简便,但选频作用差,振幅不稳,频率调节不便,一般用于频率固定且稳定性要求不高的场合。

频率范围为几赫 ∼ 数十千赫。

2.RC 串并联网络(文氏桥) 振荡器

电路形式如图 4.9 所示。

（1）振荡频率

$$f_0 = \frac{1}{2\pi RC}$$

（2）起振条件

$$|\dot{A}| > 3$$

（3）电路特点。

可方便地连续改变振荡频率,便于加负反馈稳幅,容易得到良好的振荡波形。

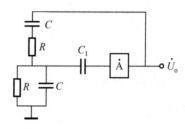

图 4.9　RC 串并联网络振荡器原理图

注意　本实验采用运算放大器组成的 RC 正弦波振荡器。

4.4.6　实验内容

（1）根据设计结果连接电路,并计算振荡周期。

（2）分析和观察输出波形由小到大的起振和稳定到某一幅度的全过程。

（3）若参数不能达到设计要求,按指标要求调试电路。

（4）比较测量和计算结果,分析误差及其原因。

4.4.7　实验注意事项

（1）注意放大电路的放大倍数调节到略大于 3,电路才能起振。

（2）若电路不起振,检查正反馈电路正确与否。

4.4.8　实验思考题

（1）若电路不起振,应调整哪个参数?

（2）若输出波形失真应如何调整?

4.4.9　实验报告要求

(1)画出所设计电路原理图,标出各电阻、电容参数值。

(2)画出观测到的输出信号波形。

(3)测试输出信号频率和幅值,与理论值比较。

4.5　实验五　有源滤波电路

4.5.1　实验目的

(1)掌握各种滤波电路的工作原理及特点。

(2)熟悉滤波电路的测试方法。

(3)学习滤波电路的设计方法。

4.5.2　实验预习要求

(1)复习课本中有关滤波电路的工作原理。

(2)复习高通滤波电路、低通滤波电路的工作原理及截止频率的计算方法。

(3)复习带通滤波器和带阻滤波器的设计方法。

4.5.3　实验仪器与器件

(1)双踪示波器:1台;

(2)低频信号源:1台;

(3)直流稳压电源:1台;

(4)数字万用表:1块;

(5)交流电压表:1块;

(6)集成运算放大器:1片;

(7)电阻、电容:若干。

4.5.4　设计要求与指标

(1)设计通带截止频率为 350 Hz、通带放大倍数为 2 的二阶有源低通滤波器。

(2)设计通带截止频率为 1 500 Hz、通带放大倍数为 2 的二阶有源高通滤波器。

(3)设计一通带宽度可调,不影响中心频率的带通滤波器。

（4）设计一中心频率为 50 Hz、通带放大倍数为 1.8 的带阻滤波器。

4.5.5　实验原理

由 RC 元件与运算放大器组成的滤波器称为 RC 有源滤波器，其功能是让一定频率范围内的信号通过，抑制或急剧衰减此频率范围以外的信号。可用在信息处理、数据传输、抑制干扰等方面，但因受运算放大器频带限制，这类滤波器主要用于低频范围。根据对频率范围的选择不同，可分为低通（LPF）、高通（HPF）、带通（BPF）与带阻（BEF）等四种滤波器，它们的幅频特性如图 4.10 所示。

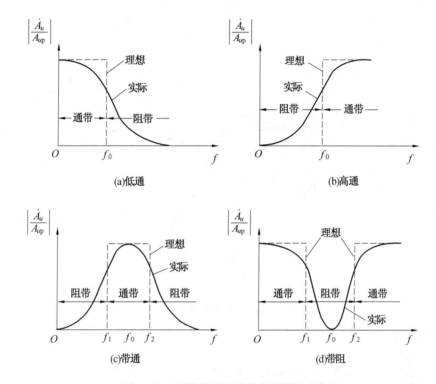

图 4.10　四种滤波电路的幅频特性示意图

具有理想幅频特性的滤波器是很难实现的，只能用实际的幅频特性去逼近理想的。一般来说，滤波器的幅频特性越好，其相频特性越差，反之亦然。滤波器的阶数越高，幅频特性衰减的速率越快，但 RC 网络的节数越多，元件参数计算越烦琐，电路调试越困难。任何高阶滤波器均可以用较低的二阶 RC 有源滤波器级联实现。

1.低通滤波器（LPF）

低通滤波器用来通过低频信号衰减或抑制高频信号。

图 4.11（a）所示为典型的二阶有源低通滤波器。它由两级 RC 滤波环节与同相比例运算电路组成，其中第一级电容 C 接至输出端，引入适量的正反馈，以改善幅频特性。图4.11（b）

为二阶低通滤波器幅频特性曲线。

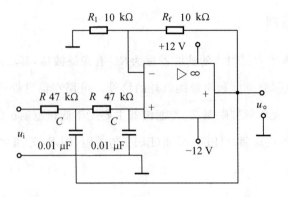

(a)电路图

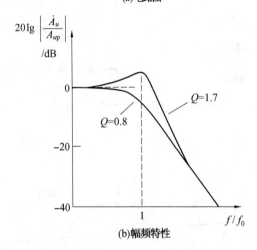

(b)幅频特性

图 4.11　二阶低通滤波器

电路性能参数：

$$A_{uP} = 1 + \frac{R_f}{R_1}$$ —— 二阶低通滤波器的通带增益。

$$f_0 = \frac{1}{2\pi RC}$$ —— 截止频率，它是二阶低通滤波器通带与阻带的界限频率。

$$Q = \frac{1}{3 - A_{uP}}$$ —— 品质因数，它的大小影响低通滤波器在截止频率处幅频特性的形状。Q 值越大，$f = f_0$ 时的 A_{up} 值也越大。

2. 高通滤波器(HPF)

与低通滤波器相反，高通滤波器用来通过高频信号，衰减或抑制低频信号。

只要将图 4.11(a) 低通滤波电路中起滤波作用的电阻、电容互换，即可变成二阶有源高通滤波器，如图 4.12 (a) 所示。高通滤波器的性能与低通滤波器相反，其频率响应和低通滤波器是"镜像"关系,仿照 LPH 分析方法,不难求得 HPF 的幅频特性。

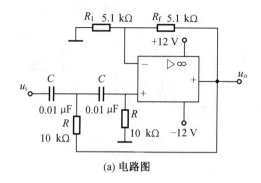

(a) 电路图

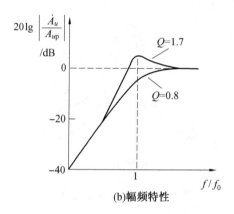

(b)幅频特性

图 4.12　二阶高通滤波器

电路性能参数 A_{uP}、f_0、Q 各量的含义同二阶低通滤波器。图 4.12(b) 为二阶高通滤波器的幅频特性曲线,可见,它与二阶低通滤波器的幅频特性曲线有"镜像"关系。

3.带通滤波器(BPF)

这种滤波器的作用是只允许在某一个通频带范围内的信号通过,而比通频带下限频率低和比上限频率高的信号均加以衰减或抑制。

典型的带通滤波器可以从二阶低通滤波器中将其中一级改成高通而成,如图 4.13 所示。

电路性能参数:

通带增益　　　$A_{up} = \dfrac{R_4 + R_f}{R_4 R_1 CB}$

中心频率　　　$f_0 = \dfrac{1}{2\pi} \sqrt{\dfrac{1}{R_2 C^2}\left(\dfrac{1}{R_1} + \dfrac{1}{R_3}\right)}$

通带宽度　　　$B = \dfrac{1}{C}\left(\dfrac{1}{R_1} + \dfrac{2}{R_2} - \dfrac{R_f}{R_3 R_4}\right)$

选择性　　　　$Q = \dfrac{\omega_0}{B}$

此电路的优点是改变 R_f 和 R_4 的比例就可改变频宽而不影响中心频率。

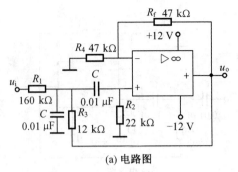

(a) 电路图

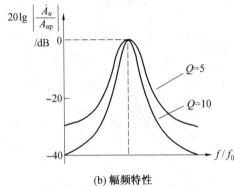

(b) 幅频特性

图 4.13 二阶带通滤波器

4. 带阻滤波器(BEF)

如图 4.14 所示,这种电路的性能和带通滤波器相反,即在规定的频带内,信号不能通过(或受到很大衰减或抑制),而在其余频率范围,信号则能顺利通过。

在双 T 网络后加一级同相比例运算电路就构成了基本的二阶有源 BEF。

电路性能参数:

通带增益
$$A_{up} = 1 + \frac{R_f}{R_1}$$

中心频率
$$f_0 = \frac{1}{2\pi RC}$$

带阻宽度
$$B = 2(2 - A_{up})f_0$$

选择性
$$Q = \frac{1}{2(2 - A_{up})}$$

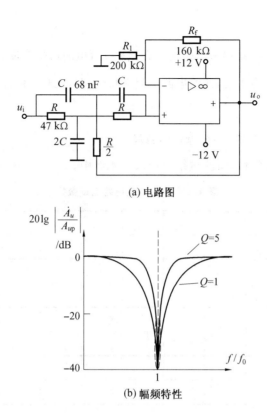

(a) 电路图

(b) 幅频特性

图 4.14　二阶带阻滤波器

4.5.6　实验内容

1.二阶低通滤波器

按给定参数指标设计二阶低通滤波器并连接电路,进行参数测量和电路调整。

(1) 粗测。

接通 ±12 V 电源。u_i 接函数信号发生器,令其输出为 $U_i=1$ V 的正弦波信号,在滤波器截止频率附近改变输入信号频率,用示波器或交流毫伏表观察输出电压幅度的变化是否具备低通特性,如不具备,应排除电路故障。

(2) 在输出波形不失真的条件下,选取适当幅度的正弦输入信号,在维持输入信号幅度不变的情况下,逐点改变输入信号频率。测量输出电压,记入表 4.2 中,描绘频率特性曲线。

2.二阶高通滤波器

(1) 粗测。

输入 $U_i=1$ V 正弦波信号,在滤波器截止频率附近改变输入信号频率,观察电路是否具备高通特性。

(2) 参照低通滤波器测量输出电压,记入表 4.2 中,描绘幅频特性曲线。

3. 带通滤波器

(1) 按所设计带通滤波器实测电路的中心频率 f_0，粗测通带宽度。

(2) 以实测中心频率为中心，测绘电路的幅频特性，将测试结果记入表 4.2 中。

4. 带阻滤波器

(1) 实测电路的中心频率 f_0，粗测带阻宽度。

(2) 测绘电路的幅频特性，将测试结果记入表 4.2 中。

表 4.2 四种滤波电路测试数据

低通滤波	f/Hz								
	U_0/V								
高通滤波	f/Hz								
	U_0/V								
带通滤波	f/Hz								
	U_0/V								
带阻滤波	f/Hz								
	U_0/V								

4.5.7 实验注意事项

(1) 注意实验中设计的通带截止频率应与实验设备配套，限制在实验设备所能测试范围内。

(2) 若电路超调过大，应调节滤波器的通带放大倍数，降低品质因数使之接近于 1。

4.5.8 实验思考题

(1) 如何在已有低通滤波器和高通滤波器基础上设计带通和带阻滤波器？

(2) 滤波器的级数是否越高越好？为什么？

4.5.9 实验报告要求

(1) 画出所设计电路原理图，标出各电阻、电容参数值。

(2) 画出实测到的各滤波器幅频特性。

(3) 根据测试曲线，计算通带截止频率、中心频率和通带放大倍数，与理论值进行比较。

(4) 总结有源滤波电路的特性。

第 5 章　　模拟电子技术综合型实验

5.1　实验一　　非正弦信号发生器

5.1.1　实验目的

(1)学习用集成运放构成方波和三角波发生器。

(2)学习波形发生器的调整和主要性能指标的测试方法。

5.1.2　实验预习要求

(1)复习滞回比较器、积分运算电路的组成及工作原理。

(2)复习有关方波及三角波发生器的工作原理,估算图 5.1、图 5.2 电路的振荡频率。

(3)设计实验表格。

5.1.3　实验仪器与器件

(1)±12 V 直流电源:1 台;

(2)双踪示波器:1 台;

(3)交流毫伏表:1 块;

(4)频率计:1 块;

(5)集成运放 μA741:2 个;

(6)稳压管 2CW231:1 个;

(7)滑动变阻器:2 个;

(8)电阻:7 个;

(9)电容:2 个。

5.1.4 实验原理

构成方波和三角波发生器的电路形式有多种,本实验选用最常用的、由集成运放构成的方波和三角波发生器加以分析。

1.方波发生器

由集成运放构成的方波和三角波发生器,一般均包括电压比较器和 RC 积分器两大部分。由滞回比较器及简单 RC 积分电路组成的方波－三角波发生器如图5.1所示。它的特点是线路简单,但三角波的线性度较差。主要用于产生方波,或对三角波要求不高的场合。

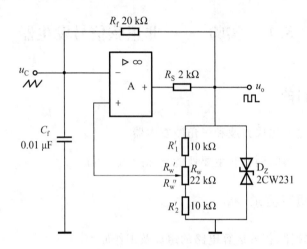

图 5.1　方波发生器

（1）电路的振荡频率

$$f_0 = \frac{1}{2R_f C_f \ln(1 + \frac{2R_2}{R_1})} \tag{5.1}$$

式中　　$R_1 = R_1' + R_w'$;

　　　　$R_2 = R_2' + R_w''$ 。

（2）方波输出幅值

$$U_{om} = \pm U_z \tag{5.2}$$

（3）三角波输出幅值

$$U_{cm} = \frac{R_2}{R_1 + R_2} U_z \tag{5.3}$$

调节电位器 R_w（即改变 R_2/R_1）,可以改变振荡频率,但三角波的幅值也随之变化。如要互不影响,则可以通过改变 R_f（或 C_f）来实现振荡频率的调节。

2. 三角波和方波发生器

如果把滞回比较器和积分器首尾相接形成正反馈闭环系统,如图 5.2 所示,则比较器 A_1 输出的方波经积分器 A_2 积分可得到三角波,三角波又触发比较器自动翻转形成方波,这样即可构成三角波、方波发生器。

三角波、方波发生器输出波形如图 5.3 所示。由于采用运放组成的积分电路,因此可实现恒流充电,使三角波线性大大改善。

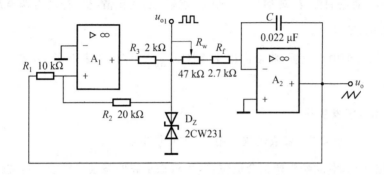

图 5.2　三角波、方波发生器

(1)电路的振荡频率

$$f_0 = \frac{R_2}{4R_1(R_f + R_w)C} \tag{5.4}$$

(2)方波幅值

$$U_{o1m} = \pm U_z \tag{5.5}$$

(3)三角波幅值

$$U_{om} = \frac{R_1}{R_2}U_z \tag{5.6}$$

调节 R_w 可以改变振荡频率,改变比值 R_1/R_2 可调节三角波的幅值。

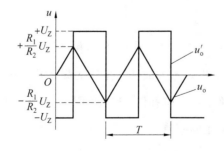

图 5.3　三角波、方波发生器输出波形图

5.1.5 实验内容

1.方波发生器

按图 5.1 连接实验电路,集成运放采用 ± 12 V 供电。

(1)将电位器 R_w 滑动触头调至中心位置,用双踪示波器观察并描绘方波 u_o 及三角波 u_c 的波形(注意对应关系),测量其幅值及频率,记录之。

(2)改变 R_w 动点的位置,观察 u_o、u_c 幅值及频率的变化情况。把动点调至最上端和最下端,测出频率范围,记录之。

(3)将 R_w 恢复至中心位置,将双向稳压管换成一只单向 6 V 稳压管,观察 u_o 波形,分析 D_z 的限幅作用。

2.三角波和方波发生器

按图 5.2 连接实验电路,集成运放采用 ± 12 V 供电。

(1)将电位器 R_w 滑动触头调至合适位置,用双踪示波器观察并描绘三角波输出 u_o 及方波输出 u_o' 波形,测量其幅值、频率及 R_w 值,记录之。

(2)改变 R_w 的位置,观察对 u_o、u_o' 幅值及频率的影响。

(3)改变 R_1(或 R_2),观察对 u_o、u_o' 幅值及频率的影响。

5.1.6 实验注意事项

(1)集成运放 μA741 引脚不能接错,7 脚为 $+12$ V,4 脚为 -12 V,2 脚为反相输入端,3 脚为同相输入端,6 脚为输出端。该集成运放可以不用调零。

(2)用示波器同时测量三角波、方波输出波形时,注意两个信道幅度衰减应选择同一挡位,同时要关闭对应的微调旋钮。

5.1.7 实验思考题

(1)电路参数变化对图 5.1、图 5.2 产生的方波和三角波频率及电压幅值有什么影响?(或者:怎样改变图 5.1、图 5.2 电路中方波和三角波的频率及幅值?)

(2)在波形发生器各电路中,"相位补偿"和"调零"是否需要?为什么?

(3)怎样测量非正弦波电压的幅值?

5.1.8 实验报告要求

(1)方波发生器。

① 列表整理实验数据,在同一坐标纸上,按比例画出方波和三角波的波形图(标出时间和电压幅值)。

② 分析 R_w 变化时,对 u_o 波形的幅值及频率的影响。

③ 讨论 D_z 的限幅作用。

(2) 三角波和方波发生器。

① 整理实验数据,把实测频率与理论值进行比较。

② 在同一坐标纸上,按比例画出三角波和方波的波形图,并标出时间和电压幅值。

③ 分析电路参数变化(R_1,R_2 和 R_w)对输出波形频率及幅值的影响。

5.2　实验二　温度监测及控制电路

5.2.1　实验目的

(1) 学习由双臂电桥和差动输入集成运放组成的桥式放大电路。

(2) 掌握滞回比较器的性能和调试方法。

(3) 学习用基本电路组成实用电路的方法。

(4) 掌握系统测量和调试技术。

5.2.2　实验预习要求

(1) 阅读教材有关集成运算放大器应用部分内容。了解集成运算放大器构成差动放大器等电路的性能和特点。

(2) 根据实验任务,拟出实验步骤及测试内容,画出数据记录表格。

(3) 依照实验电路板集成运放插座的位置,从左至右安排前后各级电路。

5.2.3　实验仪器与器件

(1) ±12 V 直流电源:1 台;

(2) 函数信号发生器:1 台;

(3) 双踪示波器:1 台;

(4) 热敏电阻(NTC):1 个;

(5) 集成运放 μA741:2 个;

(6) 晶体管 A1013:1 个;

（7）稳压管 2CW231：1 个；

（8）发光管 LED：1 个；

（9）12 V 直流继电器：1 个；

（10）滑动变阻器：4 个；

（11）电阻：13 个。

5.2.4　实验原理

温度监测及控制电路如图 5.4 所示，它是由负温度系数电阻特性的热敏电阻（NTC）元件 R_t 为一臂组成测温电桥，其输出经测量放大器放大后由滞回比较器输出"加热"与"停止"信号，经三极管放大后控制加热器"加热"与"停止"。改变滞回比较器的比较电压 U_R 即改变控温的范围，而控温的精度则由滞回比较器滞回宽度确定。

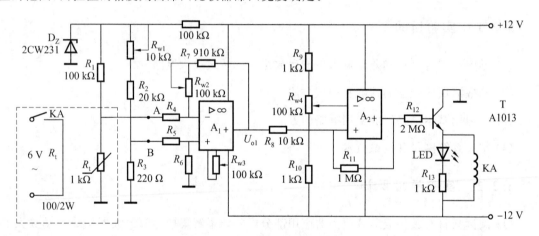

图 5.4　温度监测及控制电路

1. 测温电桥

由 R_1、R_2、R_3、R_{w1} 及 R_t 组成测温电桥，其中 R_t 是温度传感器。其呈现出阻值与温度成线性变化关系且具有负温度系数，而温度系数又与流过它的工作电流有关。为了稳定 R_t 的工作电流，达到稳定其温度系数的目的，设置了稳压管 D_z。R_{w1} 可决定测温电桥的平衡。

2. 差动放大电路

由 A_1 及外围电路组成的差动放大电路，将测温电桥输出电压 ΔU 按比例放大。其输出电压

$$U_{o1} = -\left(\frac{R_7 + R_{w2}}{R_4}\right)U_A + \left(\frac{R_4 + R_7 + R_{w2}}{R_4}\right)\left(\frac{R_6}{R_5 + R_6}\right)U_B \tag{5.7}$$

当 $R_4 = R_5$，$R_7 + R_{w2} = R_6$ 时

$$U_{o1} = \frac{R_7 + R_{w2}}{R_4}(U_B - U_A) \tag{5.8}$$

R_{w3} 用于差动放大器调零。

可见,差动放大电路的输出电压 U_{o1} 仅取决于两个输入电压之差和外部电阻的比值。

3.滞回比较器

差动放大器的输出电压 U_{o1} 做滞回比较器的输入,滞回比较器由 A_2 组成。

滞回比较器的单元电路如图 5.5 所示,设比较器输出高电平为 U_{oH},输出低电平为 U_{oL},参考电压 U_R 加在反相输入端。

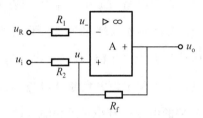

图 5.5 同相滞回比较器

当输出为高电平 U_{oH} 时,运放同相端输入电位

$$U_{+H} = \frac{R_f}{R_2 + R_f}u_i + \frac{R_2}{R_2 + R_f}U_{oH} \tag{5.9}$$

当 u_i 减小到使 $U_{+H} = U_R$,即

$$u_i = U_{TL} = \frac{R_2 + R_f}{R_f}U_R - \frac{R_2}{R_f}U_{oH} \tag{5.10}$$

此后,u_i 稍有减小,输出就从高电平跳变为低电平。

当输出为低电平 U_{oL} 时,运放同相端输入电位

$$U_{+L} = \frac{R_f}{R_2 + R_f}u_i + \frac{R_2}{R_2 + R_f}U_{oL} \tag{5.11}$$

当 u_i 增大到使 $U_{+L} = U_R$,即

$$u_i = U_{TH} = \frac{R_2 + R_f}{R_f}U_R - \frac{R_2}{R_f}U_{oL} \tag{5.12}$$

此后,u_i 稍有增加,输出又从低电平跳变为高电平。

因此,U_{TL} 和 U_{TH} 为输出电平跳变时对应的输入电平,常称 U_{TL} 为下门限电平,U_{TH} 为上门限电平,而两者差值

$$\Delta U = U_{TH} - U_{TL} = \frac{R_2}{R_f}(U_{oH} - U_{oL}) \tag{5.13}$$

称为门限宽度,它的大小可以通过调节 R_2/R_f 的比值来调节。

图 5.6 为滞回比较器的电压传输特性。

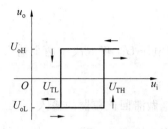

图 5.6　电压传输特性

由上述分析可见,温度检测及控制电路的工作过程为:由差动放大器输出的温度检测电压 u_{o1} 输入到 A_2 组成的滞回比较器,与反相输入端的参考电压 U_R 相比较。当输入的温度检测电压升高使 A_2 同相输入端的电压信号大于反相输入端电压时,A_2 输出正饱和电压,三极管 T 截止,发光二极管 LED 熄灭,继电器 KA 失电使触点断开,加热器停止加热。反之,当输入的温度检测电压降低使 A_2 同相输入端的电压信号小于反相输入端电压时,A_2 输出负饱和电压,三极管 T 饱和导通,发光二极管 LED 发光,继电器 KA 得电使触点闭合,加热器加热。调节 R_{w4} 可改变参考电平,也同时调节了上下门限电平,从而达到设定温度的目的。

5.2.5　实验内容

按图 5.5 连接实验电路,各级之间暂不连通,形成各级单元电路,以便各单元电路进行调试。

1. 差动放大器

差动放大电路如图 5.7 所示,它可实现差动比例运算。

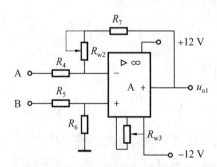

图 5.7　差动放大电路

(1)运放调零。

将 A、B 两端对地短路,调节 R_{w3} 使 $U_o = 0$。

(2)去掉 A、B 端对地短路线。

从 A、B 端分别加入不同的两个直流电平。当电路中 $R_7 + R_{w2} = R_6$，$R_4 = R_5$ 时，其输出电压

$$U_{o1} = \frac{R_7 + R_{w2}}{R_4}(U_B - U_A) \tag{5.14}$$

在测试时，要注意加入的输入电压不能太大，以免放大器输出进入饱和区。

（3）将 B 点对地短路，把频率为 100 Hz、有效值为 10 mV 的正弦波加入 A 点。用示波器观察输出波形。在输出波形不失真的情况下，用交流毫伏表测出 u_i 和 u_o 的电压。算得此差动放大电路的电压放大倍数 A_u。

2. 桥式测温放大电路

将差动放大电路的 A、B 端与测温电桥的 A'、B' 端相连，构成一个桥式测温放大电路。

（1）在室温下使电桥平衡。

在实验室室温条件下，调节 R_{w1}，使差动放大器输出 $U_{o1} = 0$。

注意　前面实验中调好的 R_{w3} 不能再动。

（2）温度系数 $K(V/C)$。

由于测温需升温槽，为使实验简易，可虚设室温 T 及输出电压 u_{o1}，温度系数 K 也定为一常数，具体参数由读者自行填入表 5.1 内。

表 5.1　实验数据

温度 $T/℃$	室温 /℃			
输出电压 U_{o1}/V				

从表 5.1 中可得到 $K = \Delta U/\Delta T$。

（3）桥式测温放大器的温度－电压关系曲线。

根据前面测温放大器的温度系数 K，可画出测温放大器的温度－电压关系曲线，实验时要标注相关的温度和电压的值，如图 5.8 所示。从图中可求得在其他温度时，放大器实际应输出的电压值。也可得到在当前室温时，U_{o1} 实际对应值 U_S。

（4）重调 R_{w1}，使测温放大器在当前室温下输出 U_S。即调 R_{w1}，使 $U_{o1} = U_S$。

3. 滞回比较器

滞回比较器电路如图 5.9 所示。

（1）直流法测比较器的上下门限电平。

首先确定参考电平 U_R 值。调 R_{w4}，使 $U_R = 2$ V。然后将可变的直流电压 U_i 加入比较器的输入端。比较器的输出电压 U_o 送入示波器 Y 轴输入端（将示波器的"输入耦合方式开关"置于

"DC",X轴"扫描触发方式开关"置于"自动")。改变直流输入电压U_i的大小,从示波器的屏幕上观察到当U_o跳变时所对应的U_i值,即为上下门限电平。

(2)交流法测试电压传输特性曲线。

将频率为100 Hz、幅度3 V的正弦波信号加入比较器输入端,同时送入示波器的X轴输入端,作为X轴扫描信号。比较器的输出信号送入示波器的Y轴输入端。微调正弦波信号的大小,可从示波器显示屏上得到完整的电压传输特性曲线。

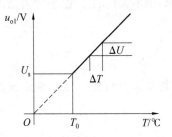

图5.8 温度－电压关系曲线

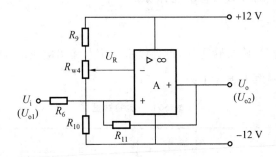

图5.9 滞回比较器电路

4.温度监测控制电路整机工作情况

(1)按图5.4连接各级电路。

注意 可调元件R_{w1}、R_{w2}、R_{w3}不能随意变动。如有变动,必须重新进行前面内容。

(2)根据所需检测或控制温度T,从测温放大器温度－电压关系曲线中确定对应的u_{o1}值。

(3)调节R_{w4}使参考电压$U_R' = U_R = U_{o1}$。

(4)用加热器升温,观察升温情况,直至报警电路动作报警(在实验电路中当LED发光时作为报警),记下动作时对应的温度值T_1和U_{o11}的值。

(5)用降温法使热敏电阻降温,记下电路解除时所对应的温度值T_2和U_{o12}的值。

(6)改变控制温度T,重做(2)、(3)、(4)、(5)内容。把测试结果计入表5.2。

根据T_1和T_2值,可得到检测灵敏度

$$T_0 = T_2 - T_1$$

注意　实验中的加热装置可用一个 $100\ \Omega/2\ \text{W}$ 的电子 R_T 模拟,将此电阻靠近 R_t 即可。

表 5.2　测试表格

设定温度 $T/℃$							
设定电压	从曲线上查得 U_o1/V						
	U_R/V						
动作温度	$T_1/℃$						
	$T_2/℃$						
动作电压	U_o11/V						
	U_o12/V						

5.2.6　实验注意事项

(1) 实验电路比较复杂,连接完成后不要急于通电实验,先用万用表检查电源接线两端是否有短路现象,如有故障要及时排除。

(2) 接通电源后要观察是否有某个元件过热、冒烟或异味,若出现应立即关闭电源,分析原因,待故障排除后再实验。

5.2.7　实验思考题

(1) 如果差动放大器不进行调零,将会引起什么结果?

(2) 如何设定温度检测控制点?

(3) 在差动放大器输出端对地接一个电压表可否监测被测温度?

5.2.8　实验报告要求

(1) 整理实验数据,画出有关曲线、数据表格以及实验线路。

(2) 用方格纸画出测温放大电路温度系数曲线及比较器电压传输特性曲线。

(3) 总结实验中的故障排除情况及体会。

5.3 实验三 用集成运算放大器组成万用电表

5.3.1 实验目的

(1)由集成运算放大器设计、组装万用电表。

(2)学习万用电表的工作原理,掌握组装与调试方法。

5.3.2 实验预习要求

(1)学习集成运算放大器特性及使用方法。

(2)预习模拟运算电路相关知识。

5.3.3 实验仪器与器件

(1)表头:1 只,灵敏度为 1 mA,内阻为 100 Ω;

(2)集成运放 μA741:1 个;

(3)电阻:9 个,均采用 $\frac{1}{4}$W 的金属膜电阻器;

(4)二极管:1N4007 4 个;1N4148 1 个;

(5)稳压管:1N4728(1 W/3.3 V 稳压管),1 个。

5.3.4 实验原理

在测量中,电表的接入应不影响被测电路的原工作状态,这就要求电压表应具有无限大的输入电阻,电流表的内阻应为零。但实际上,万用电表表头的可动线圈总有一定的电阻,例如 100 μA 的表头,其内阻约为 1 kΩ,用它进行测量时将影响被测量,引起误差。此外,交流电表中的整流二极管的压降和非线性特性也会产生误差。

如果万用电表中使用运算放大器,就能大大降低这些误差,提高测量精度。在欧姆表中采用运算放大器,不仅能得到线性刻度,还能实现自动调零。

1.直流电压表

同相端输入,高精度直流电压表原理图如图 5.10 所示。

为了减小表头参数对测量精度的影响,将表头置于运算放大器的反馈回路中,这时流经表头的电流与表头的参数无关,只要改变 R_1 一个电阻,就可进行量程的切换。

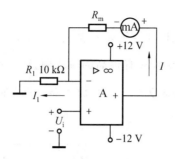

图 5.10　直流电压表

表头电流与被测电压 U_i 的关系为

$$I = \frac{U_i}{R_1} \tag{5.15}$$

应当指出,图 5.10 适用于测量电路与运算放大器共地的有关电路。此外,当被测电压较高时,在运放的输入端应设置衰减器。

2. 直流电流表

浮地直流电流表的原理图如图 5.11 所示。在电流测量中,浮地电流的测量是普遍存在的,例如,若被测电流无接地点,就属于这种情况。为此,应把运算放大器的电源也对地浮动,按此种方式构成的电流表就可像常规电流表那样,串联在任何电流通路中测量电流。

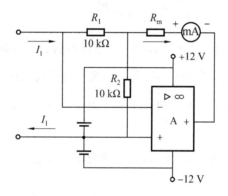

图 5.11　直流电流表

表头电流 I 与被测电流 I_1 之间的关系为

$$-I_1 R_1 = (I_1 - I)R_2 \tag{5.16}$$

所以

$$I = \left(1 + \frac{R_1}{R_2}\right) I_1 \tag{5.17}$$

可见,改变电阻比(R_1/R_2),可调节流过电流表的电流,以提高灵敏度。如果被测电流较大时,应给电流表表头并联分流电阻。

3. 交流电压表

由运算放大器、二极管整流桥和直流毫安表组成的交流电压表如图 5.12 所示。被测交流电压 u_i 加到运算放大器的同相端,故有很高的输入阻抗,又因为负反馈能减小反馈回路中的非线性影响,故把二极管桥路和表头置于运算放大器的反馈回路中,以减小二极管本身非线性的影响。

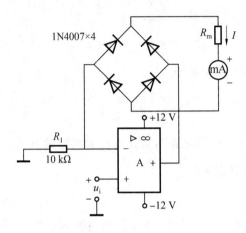

图 5.12   交流电压表

表头电流 I 与被测电压 u_i 的关系为

$$I = \frac{u_i}{R_1} \tag{5.18}$$

电流 I 全部流过桥路,其值仅与 u_i/R_1 有关,与桥路和表头参数(如二极管的死区等非线性参数)无关。表头中电流与被测电压 u_i 的全波整流平均值成正比,若 u_i 为正弦波,则表头可按有效值来刻度。被测电压的上限频率决定于运算放大器的频带和上升速率。

4. 交流电流表

浮地交流电流表电路如图 5.13 所示,表头读数由被测交流电流 i 的全波整流平均值 I_{1AV} 决定,即

$$I = (1 + \frac{R_1}{R_2}) I_{1AV} \tag{5.19}$$

如果被测电流 i 为正弦电流,即

$$i_1 = \sqrt{2}\, I_1 \sin \omega t \tag{5.20}$$

则上式可写为

$$I = 0.9(1 + \frac{R_1}{R_2}) I_1 \tag{5.21}$$

则表头可按有效值来刻度。

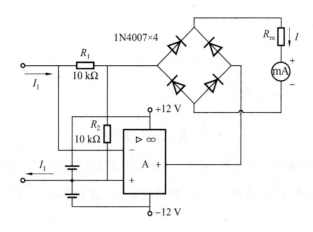

图 5.13   交流电流表

5.欧姆表

多量程的欧姆表电路如图 5.14 所示。

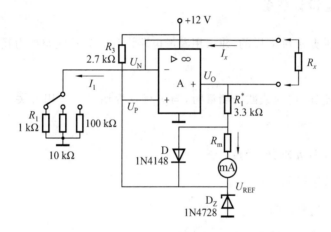

图 5.14   欧姆表

在此电路中,运算放大器改由单电源供电,被测电阻 R_x 跨接在运算放大器的反馈回路中,同相端加基准电压 U_{REF} 。

因为

$$U_P = U_N = U_{REF} \tag{5.22}$$

$$I_1 = I_x \tag{5.23}$$

$$\frac{U_{REF}}{R_1} = \frac{U_o - U_{REF}}{R_x} \tag{5.24}$$

即

$$R_x = \frac{R_1}{U_{REF}}(U_o - U_{REF}) \tag{5.25}$$

流经表头的电流

$$I = \frac{U_\circ - U_{REF}}{R_2 + R_m} \tag{5.26}$$

由上两式消去 $U_\circ - U_{REF}$，可得

$$I = \frac{U_{REF} R_x}{R_1 (R_m + R_2)} \tag{5.27}$$

可见，电流 I 与被测电阻成正比，而且表头具有线性刻度，改变 R_1 值，可改变欧姆表的量程。这种欧姆表能自动调零，当 $R_x = 0$ 时，电路变成电压跟随器，$U_\circ = U_{REF}$，故表头电流为零，从而实现自动调零。

二极管 D 起保护作用，如果没有 D，当 R_x 超量程时，特别是当 $R_x \to \infty$，运算放大器的输出电压将接近于电源电压，使表头过载。调整 R_2，可实现满量程调节。

5.3.5 实验设计任务

(1) 万用表电路是多种多样的，建议用参考电路设计一只较完整的万用表，画出完整的万用表电路原理图。

(2) 万用表作电压、电流或欧姆测量时，与进行量程切换时应用开关切换，但实验时可用引接线切换。

(3) 各电表的量程要求分别为：

直流电压表，满量程 $+6$ V；

直流电流表，满量程 10 mA；

交流电压表，满量程 6 V，50 Hz $\sim$ 1 kHz；

交流电流表，满量程 10 mA；

欧姆表，满量程分别为 1 kΩ，10 kΩ，100 kΩ。

5.3.6 实验内容

1. 直流电压表

按图 5.10 连接电路，在连接电源时，正、负电源在电路的连接点上对地各接一个 220 μF 和 0.01 μF 的电容进行滤波，以消除通过电源产生的干扰。通过对电阻 R_1（实验时换成 47 kΩ 多圈微型可调电阻）的调整，利用标准直流电压表进行校正，直至满足满量程 $+6$ V 的要求。R_1 调准后要换上与调后阻值一致高精度电阻。本实验及以下表头均采用灵敏度为 1 mA，内阻为 100 Ω。

注意　在实验前应先将可调电阻 R_1 置最大值,使流过表头的电流最小,否则,易造成表头因电流过大而损坏。

2. 直流电流表

按图 5.11 连接电路,与直流电压表实验相同,仍需加滤波电容对电源进行滤波消除干扰。按照实验要求的 10 mA 量程,及实验原理表头电流 $I=(1+\dfrac{R_1}{R_2})I_1$ 大于被测电流 I_1,因此,在表头两端要并联分流电阻,分流电阻采用 50 Ω 多圈微型可调电阻,对微调电阻调整、校准后换上固定电阻。

注意　在实验前应将分流电阻置最小值,获得最大分流,以防表头损坏。

3. 交流电压表

按图 5.12 连接电路,实验方法同直流电压表实验。要加电源滤波电容消除电源干扰,同时将 R_1 换成 47 kΩ 多圈微型可调电阻。

注意　u_i 为正弦波电压,表头应按有效值来刻度。

4. 交流电流表

按图 5.13 连接电路,实验方法同直流电流表实验。要加电源滤波电容消除电源干扰,在表头两端要并联分流电阻,分流电阻采用 50 Ω 多圈微型可调电阻。

注意　被测电流 i 为正弦波电流,表头应按有效值来刻度。

5. 欧姆表

按图 5.14 连接电路,将 R_1 接到 1 kΩ 端,根据原理知,流过表头的电流为

$$I=\frac{U_{REF}R_x}{R_1(R_m+R_2)}=\frac{3.3R_x}{1\times(0.1+R_2)}\ \text{mA}$$

R_x 外接 1 kΩ 标准电阻,调可变电阻 R_2 使表头电流满偏 1 mA,则被测电阻满量程为 1 kΩ;同样将 R_1 接到 10 kΩ 端时,被测电阻满量程为 10 kΩ;将 R_1 接到 100 kΩ 端时,被测电阻满量程为 100 kΩ。

5.3.7　实验注意事项

(1) 在连接电源时,正、负电源连接点上各接大容量的滤波电容器和 $0.01\sim0.1\ \mu F$ 的小电容器,以消除通过电源产生的干扰。

(2) 万用电表的性能测试要用标准电压、电流表校正,欧姆表用标准电阻校正。考虑实验要求不高,建议用数字式 $4\dfrac{1}{2}$ 位万用电表作为标准表。

5.3.8 实验思考题

(1) 实验中集成运算放大器 μA741 采用 ± 12 V 供电,在使用中可否采用 9 V 或 15 V 电池供电?

(2) 集成运算放大器 μA741 是否需要外接电阻进行调零?

(3) 用集成运放设计的万用电表与普通的机械万用表相比有哪些优点?

5.3.9 实验报告要求

(1) 画出完整的万用电表的设计电路原理图。

(2) 将万用电表与标准表测试比较,计算万用电表各功能挡的相对误差,分析误差原因。

(3) 电路改进建议。

(4) 收获与体会。

5.4 实验四 半导体三极管 β 值测量仪

5.4.1 实验目的

(1) 学习三极管 β 值测量仪测量原理及方法。

(2) 熟悉三极管 β 值测量仪电路的工作原理及调试方法。

5.4.2 实验预习要求

(1) 阅读教材集成运算放大器中的电流源电路的基本知识。

(2) 了解模拟运算电路、电压比较器的相关内容。

5.4.3 实验仪器与器件

(1) $+5$ V 直流电源:1 台;

(2) 数字万用表:1 块;

(3) 三极管 CS9012:2 个;

(4) NPN 型小功率待测三极管 C1815:3 个;

(5) 发光二极管:4 个;

(6) 电压比较器 LM324:1 个;

(7) 集成运放 LM311:1 个;

（8）滑动变阻器:4 个;

（9）电阻:12 个。

5.4.4　实验原理

根据三极管电流 $I_C = \beta I_B$ 的关系,当 I_B 为固定值时,I_C 反映了 β 值的变化,集电极电阻 R_C 上的电压 U_{RC} 又反映了 I_C 的变化。对 U_{RC} 取样加入后级进行分挡比较,便可测量出三极管 β 值的大小。

三极管 β 值测量仪整体结构如图 5.15 所示,微电流源电路为被测三极管提供恒定的基极电流;采样电路将三极管集电极电流的大小转换为电压输出;电压比较电路将输入的电压与基准电压进行比较,按输入电压的高低分别给出比较结果(由发光二极管显示)。

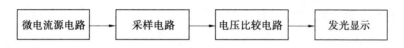

图 5.15　β 值测量仪整体结构图

1.微电流源电路

有些情况下,要求得到极其微小的输出电流(如三极管基极电流几十微安),甚至更小。这时可令比例电流源中三极管 VT_1 的发射极电阻 $R_{E1} = 0$,便成了微电流源电路,其电路图如图 5.16 所示。

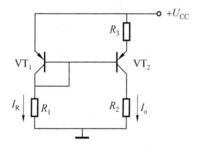

图 5.16　微电流源电路

根据电路原理分析得

$$I_R = \frac{U_{CC} - U_{BE}}{R_1} \tag{5.28}$$

(注:三极管发射结压降 U_{BE} 只取大小,不考虑符号)

$$I_o \approx I_{E2} = \frac{U_{BE1} - U_{BE2}}{R_3} \tag{5.29}$$

式中 $U_{BE1} - U_{BE2}$ 只有几十毫伏,甚至更小,因此,只要几千欧的 R_3,就可得到几十微安的恒流 I_o。

根据理论推导可得

$$I_o \approx \frac{U_T}{R_3} \ln \frac{I_R}{I_o}$$ (5.30)

由此可知,根据需要的 $I_o(I_B)$ 值,由前面公式便可计算出 R_3 阻值。

本实验的微电流源电路 VT_1、VT_2 采用参数一致的 PNP 型三极管,其工作原理与上述相同。

2.采样电路

采样电路由差动放大电路组成,如图 5.17 所示。根据三极管电流 $I_C = \beta I_B$ 的关系,被测物理量 β 的大小转换成集电极电流 I_C 的大小,在集电极电阻不变的条件下,将 I_C 转换成集电极电阻两端电压 U_{RC} 输出。利用差动放大电路对被测三极管集电极电阻上的电压进行采样。本实验采用差分比例运算电路,其工作原理如下。

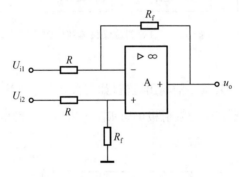

图 5.17　采样电路

根据理想运放的"虚断"和"虚短"原则可得:

同相端电压

$$u_P = \frac{R_f}{R + R_f} u_{i2}$$ (5.31)

反相端电压

$$u_N = \frac{R_f}{R + R_f} u_{i1} + \frac{R}{R + R_f} u_o$$ (5.32)

$$u_P \approx u_N$$ (5.33)

得

$$u_o = \frac{R_f}{R}(u_{i2} - u_{i1})$$ (5.34)

当取 $R_f = R$ 时,

$$u_o = u_{i2} - u_{i1}$$ (5.35)

可见,输出电压值等于两输入电压值之差,实现相减功能。

其中运算放大器采用集成电路 LM311,LM311 采用单电源供电,其内部只由一个运算放大器构成,其连接电路与引脚如图 5.18 所示。

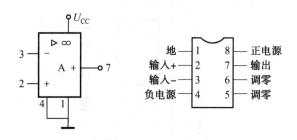

图 5.18　LM311 连接电路与引脚图

综上所述,整体的转换电路如图 5.19 所示,VT_1、VT_2、R_1、R_3 构成微电流源电路,提供恒定电流,R_2 是被测管 VT 的基极电流取样电阻,用于检测基极电流的大小,R_4 是集电极电流取样电阻,用于检测集电极电流的大小,同时检测出被测三极管 β 值的大小。由运放构成的差动放大电路,实现电压取样及隔离放大作用,为电压比较电路提供采样电压。

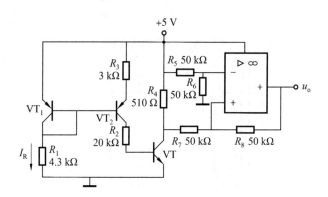

图 5.19　三极管 β 值测量仪电路

3. 电压比较电路

电压比较电路如图 5.20 所示。其中的运算放大器采用集成电路 LM324。它是由四个相同的运算放大器构成的,可采用单电源 5 V 供电,其连接电路与引脚如图 5.21 所示。

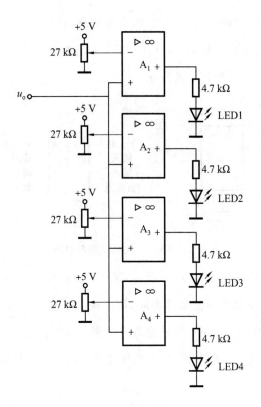

图 5.20　电压比较电路

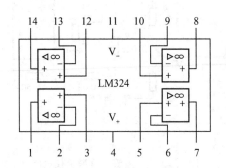

图 5.21　LM324 连接电路与引脚图

基准电压:根据要求将 β 值的挡次分为 $50\sim80$、$80\sim120$ 及 $120\sim180$,对应的分挡编号分别是 1、2、3、4,则需要多个不同的基准电压,为了调节方便,各基准电压分别采用单个电位器正电源对地分压得到。

5.4.5　实验设计任务

(1)分析三极管 β 值测量仪电路应由几个部分组成,并用方框图对它进行整体描述。

(2)对每个部分电路的作用分别进行说明,画出对应的单元电路,分析电路原理、元件参数、所起的作用以及与其他部分电路的关系等。

（3）画出整体电路图，对整体电路原理进行功能描述、组装与调试。

（4）要求对三极管 β 值的挡次分为 $50 \sim 80$、$80 \sim 120$ 及 $120 \sim 180$，用 LED 显示。

5.4.6　实验内容

1.微电流源电路

按图 5.16 连接电路，将 R_3 换成 $10\ \mathrm{k\Omega}$ 可调电阻，接通电源，用数字电压表监测 $R_2 = 20\ \mathrm{k\Omega}$ 两端电压，调整 R_1 使 R_2 两端电压为 $0.8\ \mathrm{V}$，这时微电流源电流为

$$I_\circ = \frac{0.8\ \mathrm{V}}{20\ \mathrm{k\Omega}} = 0.04\ \mathrm{mA} = 40\ \mu\mathrm{A}$$

注意　在以后实验中 R_1 不能再改变。

2.采样电路

在图 5.17 电路中，取 $R_\mathrm{f} = R = 50\ \mathrm{k\Omega}$，集成运算放大器 LM311 按引脚位置接入电路，其输出端为采样电压 $u_\circ$ 输出。

按图 5.19 将微电流源电路、采样电路整体连接，分别安装 β 值为 50、80、120、180 的已知待测三极管，测量对应输出电压 $u_\circ$ 值（理论值：$1.0\ \mathrm{V}$、$1.6\ \mathrm{V}$、$2.4\ \mathrm{V}$、$3.6\ \mathrm{V}$）。

3.电压比较电路

按图 5.20 连接电路，各电压比较器阈值电压分别设定 $1.0\ \mathrm{V}$、$1.6\ \mathrm{V}$、$2.4\ \mathrm{V}$、$3.6\ \mathrm{V}$，输入端接 $0 \sim +5\ \mathrm{V}$ 直流可调电源，对各个电压比较器分别进行调试，观察输入电压达到各个阈值电压时，对应的发光二极管是否发光。

4.整体电路调试

连接整体电路，用待测三极管进行检验，发光二极管全不亮，说明 β 值小于 50；只有一个发光二极管亮，β 值为 $50 \sim 80$；有两个发光二极管亮，β 值为 $80 \sim 120$；有三个发光二极管亮，β 值为 $120 \sim 180$；有四个发光二极管亮，β 值大于 180。

5.4.7　实验注意事项

（1）实验前要准备好 β 值为 50、80、120、180 的待测三极管。（在实验室可用数字万用表挑选）

（2）四个电压比较器阈值电压调整时，注意应在 β 值为 50 时，调第一个电压比较器的电位器使 LED1 刚好发光；在 β 值为 80 时，调第二个电压比较器的电位器使 LED2 刚好发光；以此类推。

5.4.8　实验思考题

(1) 在实验中集成运放 LM311 需要调零吗？若需要调零,怎样外接电路进行调零？

(2) 若将图 5.19 电路中被测管集电极电阻 R_4 换成一个电流表,是否可以对测量的 β 值进行连续读数？

(3) 重新设计一个三极管 β 值测量仪电路。

5.4.9　实验报告要求

(1) 画出三极管 β 值测量仪整体电路。

(2) 叙述整体电路工作原理。

(3) 总结实验中发现的问题及解决办法。

5.5　实验五　模拟乘法器

5.5.1　实验目的

(1) 了解模拟乘法器的构成和工作原理。

(2) 掌握模拟乘法器在运算电路中的运用。

5.5.2　实验预习要求

(1) 了解模拟乘法器的基本结构及工作原理。

(2) 熟悉集成模拟乘法器 BG314 的使用及外部电路参数的估算方法。

5.5.3　实验仪器与器件

(1) ±5 V 可调直流电压源:1 台;

(2) ±15 V 直流电压源:1 台;

(3) 双踪示波器:1 台;

(4) 函数信号发生器:1 台;

(5) 交流毫伏表:1 块;

(6) 数字万用表:1 块;

(7) 集成电路 BG314:1 个;

(8) 集成运放 μA741:1 个;

（9）电阻：13 个。

5.5.4　实验原理

模拟乘法器是实现两个模拟信号相乘的器件，它广泛用于乘法、除法、乘方和开方等模拟运算，同时也广泛用于信息传输系统作为调幅、解调、混频、鉴相和自动增益控制电路，是一种通用性很强的非线性电子器件，目前已有多种形式、多品种的单片集成电路，同时它也是现代一些专用模拟集成系统中的重要单元。

1. 模拟乘法器的基本特性

模拟乘法器是一种完成两个模拟信号（连续变化的电压或电流）相乘作用的电子器件，通常具有两个输入端和一个输出端，其电路符号如图 5.22 所示。

图 5.22　模拟乘法器的电路符号

若输入信号为 u_x，u_y，则输出信号 u_o 为

$$u_o = k u_x u_y \tag{5.36}$$

式中　k—— 乘法器的乘积系数或标尺因子，单位为 V^{-1}。

根据两个输入电压的不同极性，乘法输出的极性有四种组合，用图 5.23 所示的工作象限来说明。

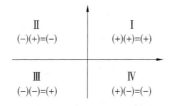

图 5.23　模拟乘法器的工作象限

若信号 u_x、u_y 均限定为某一极性的电压时才能正常工作，该乘法器称为单象限乘法器；若信号 u_x、u_y 中一个能适应正、负两种极性电压，而另一个只能适应单极性电压，则为二象限乘法器；若两个输入信号能适应四种极性组合，称为四象限乘法器。

2. 变跨导模拟乘法器的工作原理

变跨导模拟乘法器是在带电流源差分放大电路的基础上发展起来的，其基本原理电路如图 5.24 所示。

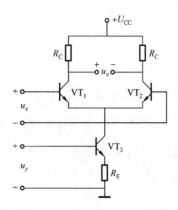

图 5.24 变跨导模拟乘法器

由电路可得

$$u_{\mathrm{o}} = -\beta \frac{R_{\mathrm{C}}}{r_{\mathrm{be}}} u_x \tag{5.37}$$

$$r_{\mathrm{be}} = r_{\mathrm{bb'}} + (1+\beta) \frac{U_{\mathrm{T}}}{I_{\mathrm{E1}}} \approx (1+\beta) \frac{2U_{\mathrm{T}}}{I_{\mathrm{C3}}} \tag{5.38}$$

所以

$$u_{\mathrm{o}} = -\beta \frac{R_{\mathrm{C}} I_{\mathrm{C3}}}{2(1+\beta)U_{\mathrm{T}}} u_x \approx -\frac{R_{\mathrm{C}} I_{\mathrm{C3}}}{2U_{\mathrm{T}}} u_x \tag{5.39}$$

当 $u_y \gg u_{\mathrm{BE3}}$ 时

$$I_{\mathrm{C3}} \approx \frac{u_y}{R_{\mathrm{E}}} \tag{5.40}$$

输出电压

$$u_{\mathrm{o}} \approx \frac{R_{\mathrm{C}}}{2R_{\mathrm{E}} U_{\mathrm{T}}} u_x u_y = k u_x u_y \tag{5.41}$$

$$k = \frac{R_{\mathrm{C}}}{2R_{\mathrm{E}} U_{\mathrm{T}}} \tag{5.42}$$

在室温下,k 为常数,可见输出电压 u_{o} 与输入电压 u_x、u_y 的乘积成正比,所以差分放大电路具有乘法功能。但 u_y 必须为正才能正常工作,故称为二象限乘法器。当 u_y 较小时,相乘结果误差较大,因 I_{C3} 随 u_y 而变,其比值为电导量,称为变跨导乘法器。

3. 基本运算电路

利用模拟乘法器与集成运放相配合,可组成平方、除法、平方根等运算电路。

(1) 平方运算。

将相同的信号输入模拟乘法器的两个输入端,就构成了平方运算电路,如图 5.25 所示。

$$u_{\mathrm{o}} = k u_{\mathrm{i}}^2 \tag{5.43}$$

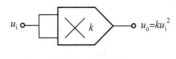

图 5.25　平方运算

（2）除法运算电路。

反相输入除法运算电路如图 5.26 所示。

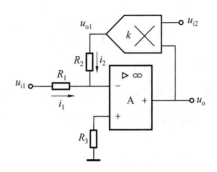

图 5.26　除法运算电路

利用理想运放特性可得

$$i_1 = \frac{u_{i1}}{R_1} \tag{5.44}$$

$$i_2 = \frac{u_{o1}}{R_2} \tag{5.45}$$

$$i_1 + i_2 = 0$$

$$u_{o1} = k u_o u_{i2} \tag{5.46}$$

联立以上式子可得

$$u_o = -\frac{R_2 u_{i1}}{k R_1 u_{i2}} \tag{5.47}$$

上式表明 u_o 与 u_{i1} 除以 u_{i2} 的商成正比。在图 5.26 中还可看出，为了保证运算放大器处于负反馈工作状态，u_{i2} 必须大于零，而 u_{i1} 则可正可负，所以是二象限除法器。

（3）平方根运算电路。

平方根运算电路如图 5.27 所示。输入和输出运算关系式为

$$u_o = \sqrt{-\frac{u_i}{k}}$$

从上式可以看出，只有 u_i 为负值时，才能实现开方运算。若要对正输入信号开平方，可以加入反相器等环节。

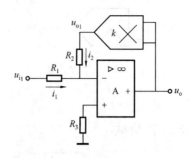

图 5.27　平方根运算电路

4.集成模拟乘法器

集成模拟乘法器的常见产品有 BG314、F1595、F1596、MC1495、MC1496、LM1595 和 LM1596 等。下面介绍 BG314 集成模拟乘法器的使用方法,BG314 的内部结构如图 5.28 所示,外部电路如图 5.29 所示。

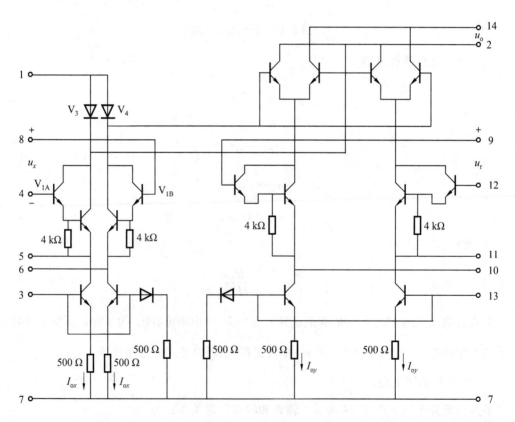

图 5.28　BG314 的内部结构

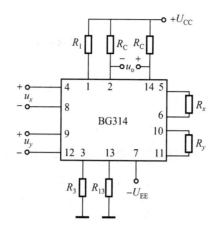

图 5.29　BG314 的外部电路

输出电压

$$u_o = k u_x u_y \tag{5.48}$$

式中　　k—— 乘法器的增益系数，$k = \dfrac{2R_c}{I_{ox}R_x R_y}$。

（1）内部结构分析。

① 当反馈电阻 R_x 和 R_y 足够大时，输出电压 u_o 与输入电压 u_x、u_y 的乘积成正比，具有接近于理想的相乘作用。

② 输入电压 u_x、u_y 均可取正或负极性，所以是四象限乘法器。

③ 增益系数 k 由电路参数决定，可通过调整电流源电流 I_{ox} 进行调节，BG314 增益系数的典型值为 $k = 0.1\mathrm{V}^{-1}$。

④k 与温度无关，因此温度稳定性较好。

当然，乘法器的输入信号动态范围还是有限的。特别是当输入信号幅度增大而负反馈电阻 R_x、R_y 又不够大时，同时考虑到晶体管的电压、电流关系并不是完全理想的指数规律特性因素，输入信号动态范围受到限制。理论上讲，允许的输入信号电压的极限值为

$$u_{\mathrm{imax}} < I_{ox}R_x$$

若取 $I_{ox} = 1\ \mathrm{mA}$，$R_x = 10\ \mathrm{k\Omega}$，则输入信号动态电压的极限值为 10 V。

（2）外部电路参数确定。

① 恒流源偏置电阻 R_3 和 R_{13} 的估算。

为了减小功耗，并保证其内部晶体管工作正常，恒流源电流一般取在 $0.5 \sim 2\ \mathrm{mA}$，取 $I_{ox} = i_{R3} = 1\ \mathrm{mA}$，则 $R_3 = R_{13} = \dfrac{U_{\mathrm{EE}} - 0.7\ \mathrm{V}}{i_{R3}} - 500\ \Omega$。

② 反馈电阻 R_x、R_y 的估算。

为使乘法器有满意的线性,应使 R_x、R_y 满足下列条件,即

$$i_x \leqslant \frac{2}{3} I_{ox}$$

$$i_y \leqslant \frac{2}{3} I_{oy}$$

前已选定 $I_{ox} = I_{oy} = 1 \text{ mA}$,再要求 u_x 和 u_y 的动态范围

$$u_{xmax} = u_{ymax} = \pm 5 \text{ V}$$

$$R_x = R_y = \frac{u_{xmax}}{\frac{2}{3} I_{ox}}$$

③ 负载电阻 R_C 的估算。

取 $k = 0.1 \text{V}^{-1}$,则根据 $k = \dfrac{2R_C}{I_{ox} R_x R_y}$ 可求 R_C。

④ R_1 的估算。

由图 5.28 可知,当 $u_x = u_{xmax}$ 时,x 通道差分对管 V_{1A} 和 V_{1B} 的集电极电压应比 u_{xmax} 高出 $2 \sim 3 \text{ V}$,以保证输出级晶体管工作在放大区,则有

$$R_1 = \frac{U_{CC} - (u_{xmax} + 3 \text{ V} + 0.7 \text{ V})}{2 I_{ox}}$$

5.5.5 实验设计任务

1. 乘法运算

设计 $u_o = k u_x u_y$ 的乘法运算电路,其中 u_x、u_y 为直流电压信号,已知

$$-5 \text{ V} \leqslant u_x \leqslant +5 \text{ V}$$

$$-5 \text{ V} \leqslant u_y \leqslant +5 \text{ V}$$

$$k = 0.1 \text{ V}^{-1}$$

2. 平方运算

设计一个 $u_o = u_i^2$ 的电路,其中

$$u_i = U_{im} \sin \Omega t = 2\sqrt{2} \sin 6.28 \times 10^3 \, t \, (\text{V})$$

已知

$$-5 \text{ V} \leqslant u_x \leqslant +5 \text{ V}$$

$$-5 \text{ V} \leqslant u_y \leqslant +5 \text{ V}$$

$$k = 0.1 \text{ V}^{-1}$$

3. 除法运算

5.5.6　实验内容

1. 乘法运算

集成模拟乘法器 BG314 外部电路按图 5.29 连接,外部元件选择如下:

电源电压采用 $U_{CC} = U_{EE} = 15$ V,输入电压 u_x 和 u_y 的动态范围为 ± 5 V,增益系数 $k = 0.1$ V^{-1},则 BG314 的外接元件值如下。

(1) 偏置电阻 R_3、R_{13} 的选择。

偏置电阻 R_3、R_{13} 控制基片功耗,并保证晶体管工作在输入特性曲线中指数规律部分,恒流源电流一般取 $0.5 \sim 2$ mA,选偏置电流 $I_{ox} = I_{oy} = 1$ mA,根据实验原理有

$$R_3 = R_{13} = \frac{U_{EE} - 0.7 \text{ V}}{i_{R3}} - 500 \ \Omega = (\frac{15 - 0.7}{1} - 0.5) \text{ k}\Omega = 13.8 \text{ k}\Omega$$

实验时可用 10 kΩ 电阻与 6.8 kΩ 可调电阻串联,以便调整 I_{ox}。

(2) 负反馈电阻 R_x、R_y 的选择。

当 $I_{ox} = I_{oy} = 1$ mA 时,

$$R_x = R_y = \frac{U_{x\max}}{\frac{2}{3} I_{ox}} = \frac{5}{\frac{2}{3} \times 1} \text{ k}\Omega = 7.5 \text{ k}\Omega$$

因为反馈电阻并不要求高精度,适当偏大些有利于线性,因此可取电阻标称值

$$R_x = R_y = 8.2 \text{ k}\Omega$$

(3) 负载电阻 R_C 的选择。

已知 $k = 0.1 \text{V}^{-1}$,则根据 $k = \frac{2R_C}{I_{ox}R_xR_y}$ 可得

$$R_C = \frac{1}{2}kI_{ox}R_xR_y = \frac{1}{2} \times 0.1 \times 1 \times (8.2 \text{ k}\Omega)^2 = 3.36 \text{ k}\Omega$$

取标称值 $R_C = 3.3$ kΩ。

(4) 电阻 R_1 的选择。

保证输出级晶体管工作在放大区,根据实验原理有

$$R_1 = \frac{U_{CC} - (u_{x\max} + 3 \text{ V} + 0.7 \text{ V})}{2I_{ox}} = \frac{15 - (5 + 3 + 0.7)}{2 \times 1} \text{ k}\Omega = 3.15 \text{ k}\Omega$$

取标称值 $R_1 = 3.3$ kΩ。

在图 5.29 模拟乘法器 BG314 外部元件选择连接完毕后,u_x、u_y 按表 5.3 输入直流电压信号,用数字电压表测量输出电压 u_o 值并记录于表中,检验乘法 $u_o = ku_xu_y$ 的正确性。

表 5.3　实验数据

u_x/V	-3	-1	0	2.5	4	4.5
u_y/V	2	-2	4	3	-3	-1
u_o/V						

2．平方运算

在图 5.29 模拟乘法器 BG314 外部元件选择连接完毕后，将两个输入端并接在一起，接通 $\pm15\text{ V}$ 电源，在输入端输入频率为 1 kHz、有效值为 2 V 的正弦波电压，即输入电压

$$u_x = u_y = u_i = \sqrt{2}\,U_i \sin \Omega t = 2\sqrt{2}\sin 6.28 \times 10^3 t\,(\text{V})$$

按照理论计算输出电压

$$u_o = ku_i^2 = 2kU_i^2 \sin^2 \Omega t = kU^2(1 - \cos 2\Omega t) \tag{5.49}$$

$$u_o = 0.4(1 - \cos 2 \times 6.28 \times 10^3 t)\,\text{V}$$

用示波器观察输出波形，并测出直流分量、电压幅值、频率参数，并与上述计算结果进行比较，检验平方电路 $u_o = ku_i^2$ 的正确性。

3．除法运算

模拟乘法器 BG314 外部元件选择同图 5.29，除法运算电路如图 5.26 所示，选 $R_2 = 27\text{ k}\Omega$、$R_1 = 100\text{ k}\Omega$，集成运放采用 μA741，采用直流信号实验。

注意　为了保证运算放大器处于负反馈工作状态，u_{i2} 必须大于零，而 u_{i1} 则可正可负。

按表 5.4 实验并记录数据，检验除法运算 $u_o = -\dfrac{R_2 u_{i1}}{kR_1 u_{i2}}$ 的正确性。

表 5.4　除法运算测试表

u_{i2}/V	0.5	1	2	2.4	3	4
u_{i1}/V	-0.25	-0.5	-1	1.2	1.5	2
u_o/V						

5.5.7　实验注意事项

（1）在正负电源对地分别加一个 100 nF 滤波电容，滤除电源干扰。

（2）连接完线路后，在检查没有明显短路的情况下，方可通电进行实验。

（3）模拟乘法器 BG314 外部元件参数选择与实验要求偏差不能太大，否则，模拟乘法器 BG314 将无法正常工作。

5.5.8　实验思考题

（1）用模拟乘法器如何实现开立方电路？

（2）模拟乘法器 BG314 若采用 ± 12 V 电源供电，它的外围元件参数如何选择？

（3）画出用模拟乘法器能够实现 $u_o = \dfrac{u_{i1} - u_{i2}}{u_{i3}}$ 运算的电路图。

（4）在图 5.26 除法运算电路中，为什么 u_{i2} 必须大于零？

5.5.9　实验报告要求

（1）整理表 5.3 数据，检验乘法运算的正确性，计算乘法器的乘积系数 k 的平均值。

（2）整理表 5.4 数据，检验除法运算 $u_o = -\dfrac{R_2 u_{i1}}{k R_1 u_{i2}}$ 的正确性。

（3）分析讨论实验中发生的现象和问题。

参 考 文 献

[1] 房国志.模拟电子技术基础[M].北京:国防工业出版社,2009.

[2] 杨素行.模拟电子技术基础简明教程[M].3 版.北京:高等教育出版社,2006.

[3] 童诗白,华成英.模拟电子技术[M].4 版.北京:高等教育出版社,2006

[4] 侯建军.电子技术基础实验、综合设计实验与课程设计[M].北京:高等教育出版社,2007.

[5] 王立欣,杨春玲.电子技术实验与课程设计[M].哈尔滨:哈尔滨工业大学出版社,2005.

[6] 李震梅,房永钢.电子技术实验与课程设计[M].北京:机械工业出版社,2011.

[7] 郝国法,梁柏华.电子技术实验[M].北京:冶金工业出版社,2009.

[8] 刘舜奎,林小榕,李惠钦.电子技术实验教程[M].厦门:厦门大学出版社,2010.

[9] 阮秉涛.电子技术基础实验教程[M].2 版.北京:高等教育出版社,2011.

[10] 陈大钦,罗杰.电子技术基础实验[M].3 版.北京:高等教育出版社,2009.

[11] 邓元庆.电子技术实验[M].北京:机械工业出版社,2007.